地学基礎
の
必修整理ノート

文英堂編集部　編

文英堂

本書のねらい

1 見やすくわかりやすい整理の方法を提示

試験前に自分のとったノートをひろげ，何が書いてあるのかサッパリわからない——という経験を持つ人も多いだろう。授業中には理解できているつもりでも，それを要領よくまとめるのは，結構むずかしい。そこで本書では，「地学基礎」の全内容について最も適切な整理の方法を示し，それによって内容を系統的に理解できるようにした。

2 書き込み・反復で重要事項を完全にマスター

本書では，学習上の重要事項を空欄で示してある。したがって，空欄に入れる語句や数字を考え，それを書き込むという作業を反復することで，これらの重要点を完全にマスターすることができる。そしてテストによく出題される範囲には出るマークをつけ，最低限覚えておかなければならない重要事項を[重要]として明示した。また，「地学基礎」の範囲外でも重要な内容は発展をつけて扱った。

3 図解・表解で，よりわかりやすく

知識の整理と理解を効果的にするために，図解・表解などをできるだけ多く掲載した。これらの図解・表解を自分のものにするだけでも，かなりの実力が身につく。

4 重要実習もバッチリOK！

重要実習 テストに出そうな重要な実習のコーナーを設け，操作の手順や注意点，結果とそれに対する考察などを，わかりやすくまとめた。

5 精選された例題・問題で実力アップ

本文の空欄をうめて整理を完成することは，同時に問題練習にもなるが，知識の整理をさらに確実にし，応用力をつけるためには，問題演習は欠かすことができない。

例題研究	必要に応じて本文に設け，模範的な問題の解き方を示した。
ミニテスト	学習内容の理解度をすぐに確認できるように，各項目ごとに設けた。
練習問題	章ごとに設けた。定期テストに出そうな問題ばかりを精選し，実戦への応用力が身につくようにした。
定期テスト対策問題	編ごとに設けた。実際のテスト形式にしてあるので，しっかりとした実力が身についたかどうか，ここで確認できる。

本書は以上のねらいのもとに編集してある。諸君が実際に自分の手で書き込み，テストに通用する本当の実力を身につけてほしい。

文英堂編集部

目次

第1編 地球のすがたと歴史

1章 地球の構造
1. 地球の大きさと形 …………………………………… 6
2. 地球の内部構造 ……………………………………… 8
- 練習問題 ………………………………………………… 12

2章 地球の変動
1. プレートの運動 ……………………………………… 14
2. 地震と地震波 ………………………………………… 18
3. 地震の原因と分布 …………………………………… 22
4. 火山とその噴火 ……………………………………… 24
5. 火成岩 ………………………………………………… 28
- 練習問題 ………………………………………………… 32

3章 地球の歴史
1. 堆積岩 ………………………………………………… 34
2. 地層の形成 …………………………………………… 36
3. 変成作用と変成岩 …………………………………… 40
4. 地質時代と化石 ……………………………………… 42
- 練習問題 ………………………………………………… 46

4章 生物の変遷
1. 生命の誕生 …………………………………………… 48
2. 生物の進化 …………………………………………… 52
3. 人類と生物の変遷 …………………………………… 56
- 練習問題 ………………………………………………… 60

定期テスト対策問題 ……………………………………… 62

第2編　物質循環と気象

1章 大気と海洋

1. 大気の層構造 …………………………………… 66
2. 対流圏と気象 …………………………………… 70
3. 地球のエネルギー収支 ………………………… 74
4. 大気の大循環 …………………………………… 78
5. 海洋の構造と海流 ……………………………… 82
   練習問題 ………………………………………… 86

2章 地球環境と災害

1. 日本の気象 ……………………………………… 88
2. 日本の自然災害と防災 ………………………… 92
3. 地球環境の変化と人間 ………………………… 95
   練習問題 ………………………………………… 98

定期テスト対策問題 …………………………………… 100

第3編　太陽系と宇宙

1章 太陽系と太陽

1. 太陽系の天体 ………………………………… 102
2. 太陽系の形成 ………………………………… 106
3. 太陽のすがた ………………………………… 108
4. 恒星とその進化 ……………………………… 112
   練習問題 ………………………………………… 116

2章 宇宙のすがた

1. 銀河と宇宙の構造 …………………………… 118
2. 宇宙の誕生と現在のすがた ………………… 120
   練習問題 ………………………………………… 122

定期テスト対策問題 …………………………………… 124

さくいん ……………………………………………………… 126

◉別冊　解答集

1章 地球の構造

1 地球の大きさと形

解答 別冊p.2

① 地球の大きさ

１ 地球の大きさ——地球はほぼ**球形**をしている。その半径は，およそ（① 　　　　km）である。

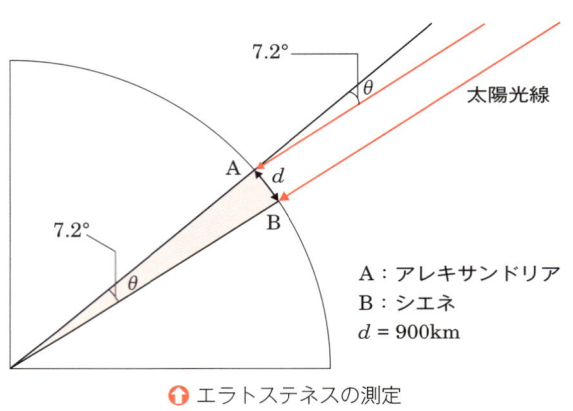

↑ エラトステネスの測定

A：アレキサンドリア
B：シエネ
$d = 900$ km

２ 測量による推定——古代ギリシャ人のエラトステネスは，測量によって地球の大きさ（周囲の長さ）を推定した。
↳ 前275〜前194

① 夏至の日の太陽の南中高度から，ほぼ南北に連なる２地点間の（② 　　　　）の差 θ を求めた。
② この２地点間の距離 d を測定した。
③ 扇形の中心角 θ と弧の長さ d が比例すること（左図）から，$7.2 : 900 = 360 : l$ を解いて，$l = 45000$ km という値を求めた。

例題研究 ▎ **地球の周囲の長さ**

ある地点Aと，その真南の地点Bとの最短距離を測定したところ 800.16 km であり，この２地点の緯度差はちょうど 7.2° であった。地球を球とみなして，その周囲の長さを求めよ。

▶解き方　扇形の中心角（緯度の差）と弧の長さ（２地点間の距離）が比例することを用いて，中心角 360° にあたる円周の長さを求める。地球の周囲の長さを x〔km〕とすると，

（③　　　）：（④　　　）$= 360 : x$　　　$x = $（⑤　　　）km　…答

---

② 地球の形

１ 地球の形——ニュートンは，地球を（⑥　　　　）方向に膨らんだ**回転楕円体**♣1 だと考えた。測量によって緯度差1°に対する子午線の弧の長さが高緯度ほど（⑦　　　　）いとわかり，正しいことが証明された。
↳ 1643〜1727, イギリス
↳ フランス学士院が測量を行った

> **重要**　〔地球の形〕
> 地球は赤道方向に膨らんだ**回転楕円体**である。

♣1 地球の形を表す回転楕円体を**地球楕円体**という。

① **偏平率**…回転楕円体のつぶれの程度を表す値。地球の赤道半径を a，極半径を b とすると，

$$偏平率 = \frac{(⑧)}{a}$$

で表される。偏平率が (⑨　　　) ほど球に近い形となる。

② 地球の偏平率はおよそ $\frac{1}{298}$ である。

2 重力の差と地球の形

地球には**引力**(万有引力)と**遠心力**がはたらいており，遠心力は低緯度地域ほど大きく，高緯度地域ほど小さい。このため，重力は赤道に近いほど (⑩　　　) ので，地球は回転楕円体となる。

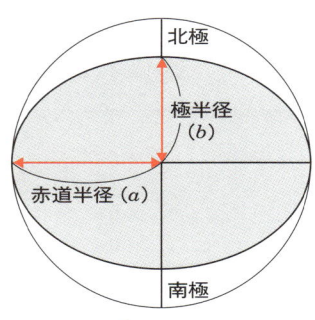
↑ 偏平率

♣2 質量をもつすべての物体が互いに引き合う力。

例題研究　地球の偏平率

地球の赤道半径を 6378 km，極半径を 6357 km として地球の偏平率を求め，$\frac{1}{x}$ の形で表せ。

▶**解き方** 偏平率は，長半径(地球では赤道半径)と，長半径と短半径(地球では極半径)の差との比であり，回転楕円体のつぶれ具合を表す。有効数字を考えて計算すると，

$$偏平率 = \frac{(⑪) - (⑫)}{(⑬)} ≒ \frac{1}{300} \quad …答$$

→ 2桁になる

③ 地球の表面

1 陸地と海——地球の表面のうち，約 70 % が (⑭　　　)，約 30 % が (⑮　　　) である。

2 地球表面の高度分布

地球表面の高度分布をみると，

陸地…高さ (⑯　　　～　　　) km
海…深さ (⑰　　　～　　　) km

が広い面積を占めていて，平坦な陸地や平坦な海底は，おもにこの高度範囲にある。

① 水深 1 km よりも高い地域を (⑱　　　**地域**)，それより低い地域を (⑲　　　**地域**) という。

② 大陸地域の一部で，海岸から深さ 130～140 m までのゆるい傾斜をなす海底を，(⑳　　　) という。

♣3 回転する物体において，**回転軸からみて外向きに**はたらく力。

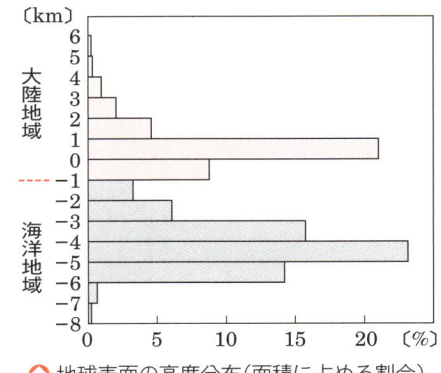
↑ 地球表面の高度分布(面積に占める割合)

ミニテスト　　　　　　　　　　　　解答 別冊 p.2

□❶ 回転楕円体のつぶれ具合を表す値を何というか。
□❷ 海は地球の面積の約何%を占めているか。
□❸ 陸地は地球の面積の約何%を占めているか。

2 地球の内部構造

解答 別冊p.2

❶ 地殻とマントル

1 **地殻**——地表から深さ約 5～60 km までの部分。**固体**。

① (❶　　　地殻) の上部は (❷　　　質岩石)，下部は**玄武岩質岩石**からできている♣¹。厚さは，30～60 km。

② 海洋地殻はおもに (❸　　　質岩石) からできている。厚さは，5～10 km。

③ **地殻の平均密度**…大陸地殻は 2.7 g/cm³，海洋地殻は 3.0 g/cm³。

2 **マントル**——地殻の下の深さ 2900 km までの部分。**固体**。
→マントルのように核をおおっていることから名づけられた

① 地殻とマントルの境界を (❹　　　　　　　) といい，略して**モホ不連続面**(**モホ面**) ともいう。

② マントル上部はおもに (❺　　　　質岩石)♣² でできていて，長い時間では流体のようにふるまう。

③ **マントルの平均密度**…3.3 g/cm³ で，地殻の平均密度よりも大きい。

♣1
花こう岩は主に石英，カリ長石，斜長石からなる**深成岩**。玄武岩は主に斜長石，輝石，かんらん石からなる**火山岩**(→p.31)。

♣2
かんらん岩は，主に斜長石，輝石，かんらん石からなり，**輝石とかんらん石が半分以上を占める**(→p.31)。

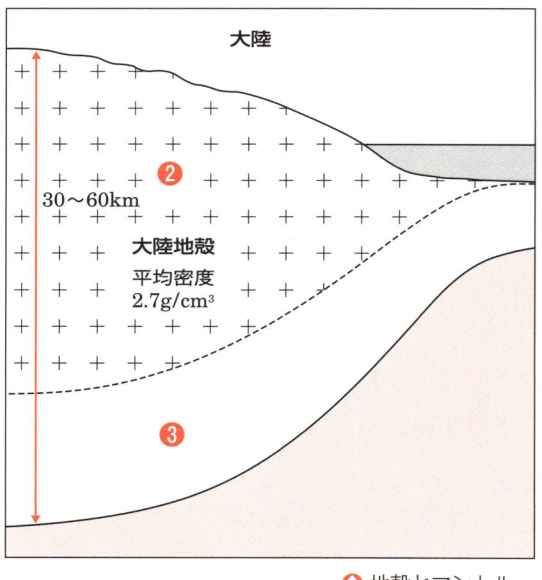
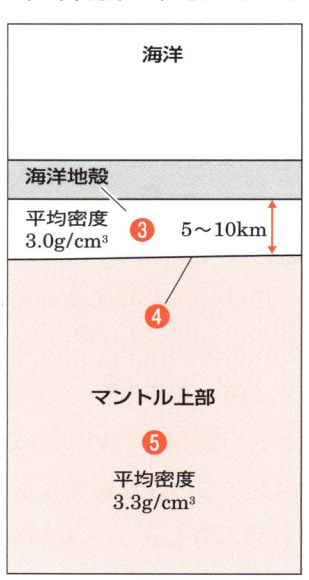

↑ 地殻とマントル

> **重要** 〔地殻とマントル〕
> **大陸地殻**…おもに花こう岩質岩石，玄武岩質岩石
> **海洋地殻**…おもに玄武岩質岩石
> **マントル**…おもにかんらん岩質岩石

3 アイソスタシー

マントルは流動性をもち、地殻の密度はマントルの密度よりも小さい。そのため（⑥　　　）の上に（⑦　　　）が浮かび、つり合った状態となる。このつり合いをアイソスタシーという。

① 地殻よりもじゅうぶん深い場所では、同じ深さなら同じ圧力になっている。
② 地表にあった厚い氷がとけると、その分だけ地殻が軽くなり、つり合いよりも沈みすぎた状態になる。このようなときには、地殻が少しずつ（⑧　　　）してつり合いをたもつ。♣3

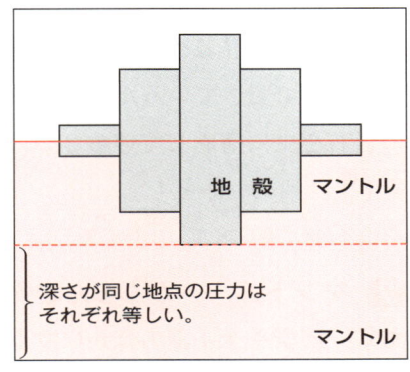

↑ アイソスタシーの模式図

♣3
約1万年前に地球が温暖化し、スカンジナビア半島では地殻の上にあった厚い氷がとけた。氷の質量が減り、アイソスタシーが成り立たなくなったため、アイソスタシーを回復するために、土地の**隆起**が現在も続いている。

2 核

1 核——深さ約2900kmから地球の中心（深さ6400km）までの部分。（⑨　　　）やニッケルなどの金属からなると考えられている。
（→元素記号Ni）
（→元素記号Fe）

2 核の構造——核は状態のちがう2つの層に分かれている。
① （⑩　　　）…地表から深さ約2900〜5100kmの部分。金属がとけて**液体**の状態となっている。
② （⑪　　　）…深さ約5100kmよりも深い部分。（⑫　　　）の状態の金属でできている。地球が冷却されていったとき、液体だった核の中心部から固化していったためと考えられている。♣4

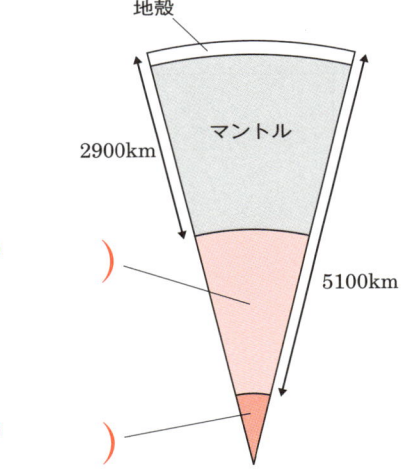

↑ 地球の模式断面図

♣4
地球が形成されたときは高温の状態であり、その後じょじょに冷却され、現在のようになったと考えられている（→p.48）。

> **重要**
> 〔核〕
> 外核… { 深さ2900〜5100km
> 　　　　 液体の金属からなる。
> 内核… { 深さ5100kmから地球の中心（深さ6400km）まで
> 　　　　 固体の金属からなる。

❸ 地球内部を構成する物質

1 地殻──花こう岩質岩石，玄武岩質岩石でできているため，それらの岩石を主に構成している2つの元素 ⑮（　　　）と ⑯（　　　）を合わせて約75 %を占める。
↳元素記号O　↳元素記号Si

♣5 火成岩中に最も多く含まれる成分は**二酸化ケイ素**（SiO_2）である。

2 マントル──かんらん岩質であり，酸素やケイ素のほかに**マグネシウム**（Mg）に富む。♣6

♣6 マントルを構成するかんらん岩は，**ケイ素**（Si）のほかに**マグネシウム**（Mg）や**鉄**（Fe）を多く含む。

3 核──元素は ⑰（　　　）が最も多く，⑱（　　　）と合わせてほとんどを占める。
↳元素記号Fe　↳元素記号Ni

♣7 **コバルト**（Co）は原子番号27の金属元素である。

地殻（大陸地殻）		核（外核）	
元素	比率	元素	比率
O	46.6	Fe	89.7
Si	27.7	Ni	5.4
Al	8.1	Co♣7	0.2
Fe	5.0		
Ca	3.6		
Na	2.8		
K	2.6		
Mg	2.1		
その他	1.5	その他	4.7

↑ 地殻・核の構成元素（質量%）

❹ 地震波の伝わり方と地球の内部構造

1 地震波の性質──地震波には次のような性質があり，地震波の伝わり方を分析することで，地球の内部構造を推定できる。

① 物質の内部を伝わる地震波には，**固体・液体・気体中すべてを伝わる**縦波の（⑲　　　波）と，**固体中だけを伝わる**横波の（⑳　　　波）がある。

② それぞれの地震波が伝わる速さは，**固い物質中で速く**，**やわらかい物質中では遅い**。

③ 光と同じように，地震波は異なる物質中に進むとき，その境界面で屈折する。

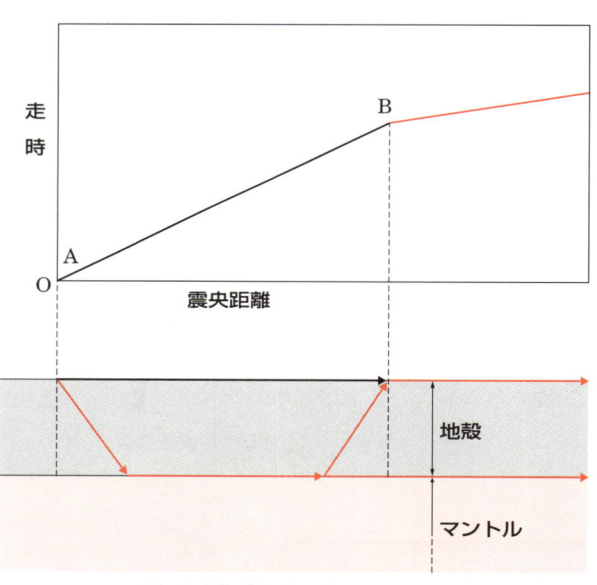

↑ 走時曲線と地震波の伝わり方

2 震央距離と走時──横軸に**震央距離**（震央から観測地点までの距離）をとり，縦軸に**走時**（地震波が観測地点に到達するまでにかかった時間）をとったグラフを，（㉑　　　）という。

3 走時曲線の折れ曲がり――地殻よりも(㉒　　　)を伝わる地震波の速さのほうが速いため，マントルを通って到着した**屈折波**が先に到着する地点（前ページ下図の点 B）で走時曲線は折れ曲がり，その地点の**震央距離からモホ不連続面の深さ**を推定することができる。

4 地震波の伝わらない場所――震央距離を，震央を 0° とした角度で表したとき，地震波がそれぞれ**伝わらない場所**ができる。（地球の反対側が 180° になる）

① (㉓　　　波)は，震央距離が 103° よりも離れた場所へは伝わらない。
② (㉔　　　波)は，震央距離が 103°〜143° の間へは伝わらない。♣8

♣8 P 波が伝わらない震央距離 103°〜143° を，**P 波の影（シャドーゾーン）**とよぶこともある。なお，シャドーゾーンでも弱い揺れが観測されることがある。これはおもに，外核と内核の境界で反射した地震波である。

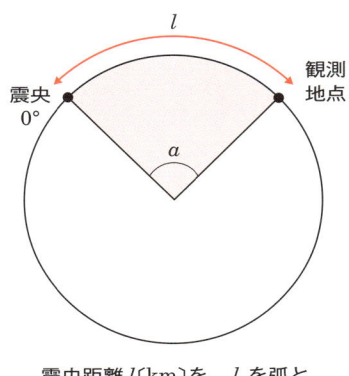

↑震央距離と角度

震央距離 l〔km〕を，l を弧とする中心角 a〔°〕で表す。

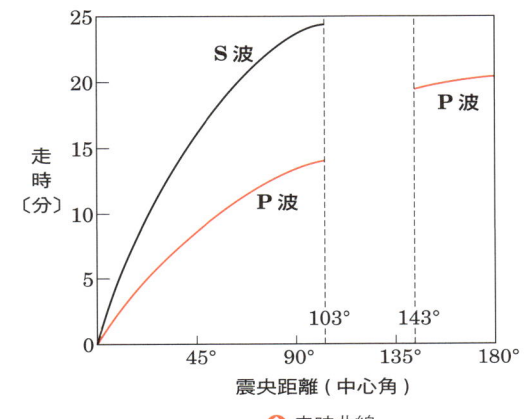

↑走時曲線

5 外核と内核

① S 波は液体・気体中を伝わらない。このことから，(㉕　　　)が**液体**であることがわかった。
② P 波はマントル，外核，内核の表面でそれぞれ屈折して，地上にはね返ってくる。そのようすから**内核が固体**であることがわかった。

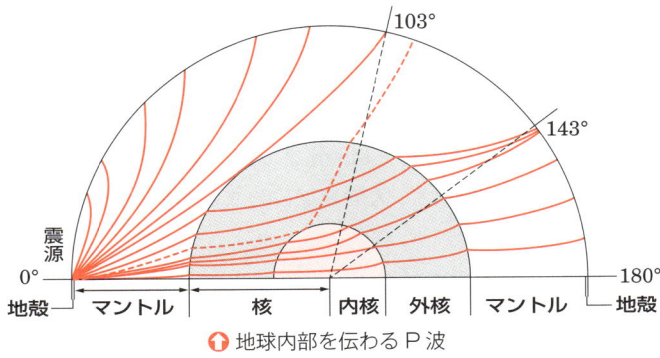

↑地球内部を伝わる P 波

> **重要**〔地震波と核〕
> **外核**…S 波が伝わらないことから**液体**であるとわかった。
> **内核**…P 波の屈折のようすから**固体**であるとわかった。

ミニテスト　　　　　　　　　　　　　　　　　　　　　　　　解答 別冊 p.2

□❶ 地球の核のうち，液体でできている部分を何というか。
□❷ 固体・液体・気体中をすべて伝わるのは，P 波と S 波のどちらか。

1章 地球の構造　練習問題

解答 別冊p.9

❶ 〈地球の形〉
地球の形について，次の問いに答えよ。
▶わからないとき→p.6～7

(1) 地球は，どの方向に膨らんだ回転楕円体か。
(2) 回転する物体の上にある物体に，回転軸からみて外向きにはたらく力を何というか。
(3) 地球が地球上の物体を引く引力（万有引力）と，遠心力の合力で表される力を何というか。
(4) 地球が，回転楕円体となるのは，低緯度地域で何という力が小さいためか。
(5) 地球の赤道半径が a 〔km〕，偏平率が $\dfrac{1}{p}$ であるとき，地球の極半径を，a，p を用いて表せ。
(6) 地球の周囲の長さを計算から求めたい。同じ経度にある2地点 A，B 間の距離がわかっているとき，必要な値として最も重要なものを，次のア～エから選べ。

　ア　地点 A, B の標高の差　　イ　地点 A, B の緯度の差
　ウ　地点 A, B の気温の差　　エ　地点 A, B の気圧の差

ヒント
(5) 偏平率は，偏平率 $=\dfrac{\text{赤道半径}-\text{極半径}}{\text{赤道半径}}$ の式で求められる。
(6) 2地点間の距離の地球1周に対する割合がわかればよい。

❷ 〈地球の表面〉
地球の表面について，次の問いに答えよ。
▶わからないとき→p.7

(1) 地球の表面の水深1kmより高い地域を何とよぶか。
(2) ①海岸から深さ130～140mまでのゆるい傾斜をなす海底を何というか。
　　②前問①の海底は，大陸地域に含まれるか，海洋地域に含まれるか。

❸ 〈地殻とマントル〉
地球の内部構造について，次の問いに答えよ。
▶わからないとき→p.8

(1) 玄武岩質岩石で構成されるのは，大陸地殻の上部，下部のどちらか。
(2) 海洋地殻の厚さとして正しいものを，次のア～エから選べ。
　ア　60～90km　イ　30～60km　ウ　10～30km　エ　5～10km
(3) 地殻とマントルの境界面を何というか。
(4) マントルは，地下何kmまでの部分を指すか，次のア～エから選べ。
　ア　1500km　イ　2900km　ウ　5100km　エ　6200km
(5) 次のア～ウを平均密度が大きい順に並べ，記号で答えよ。
　ア　海洋地殻　イ　マントル　ウ　大陸地殻

ヒント
(4) 地球の半径の約半分である。
(5) 密度の大きい物質ほど深く沈んでいく。

❶
(1)
(2)
(3)
(4)
(5)
(6)

❷
(1)
(2)①
　②

❸
(1)
(2)
(3)
(4)
(5)　　＞　　＞

〈アイソスタシー〉 ▶わからないとき→p.9

4 次の文の(1)〜(4)にあてはまる語を,それぞれア,イから選べ。

アイソスタシーとは,地殻の最も深い部分とそれよりも深部では,同じ深さでの圧力が等しくつり合っていることをいう。マントルは流動性をもち,マントルの密度のほうが地殻の密度よりも(1)(ア 大きい　イ 小さい)ため,(2)(ア マントル　イ 地殻)はあたかも水面に浮かぶ物体のような状態となる。

大陸地殻は海洋地殻よりも(3)(ア 薄く　イ 厚く),海洋地殻にくらべてマントルの(4)(ア 浅い　イ 深い)部分にもぐり込み,アイソスタシーを成立させている。

ヒント 水面に浮かんでいる物体は,水よりも密度が小さいことから考える。

4
(1)
(2)
(3)
(4)

 〈走時曲線〉 ▶わからないとき→p.10〜11

5 走時曲線に関する次の各問いに答えよ。
(1) 横軸にはどこから観測地点までの距離をとるか。
(2) 縦軸にとる走時の説明として正しいものを,次のア〜エから選べ。
　ア 地震波が観測地点に到達するまでの時間。
　イ 地震波が観測地点に到達するまでの速度の変化。
　ウ 地震が発生してから揺れがおさまるまでの時間。
　エ ある地震と1つ前に起こった地震の発生時刻の差。
(3) 地殻とマントルの境界面の存在の手がかりとなったのは,ある点での走時曲線のどのような変化か。次のア〜エから選べ。
　ア 走時が震央距離の2乗に比例するように変化した。
　イ 走時曲線の傾きが小さくなるように折れ曲がった。
　ウ 走時曲線が途切れた。
　エ 走時曲線の傾きが大きくなるように折れ曲がった。

ヒント (3) 地震波の速度が大きいほど,走時曲線の傾きは小さくなる。

5
(1)
(2)
(3)

 〈地震波と地球の内部構造〉 ▶わからないとき→p.10〜11

6 次の文が正しければ○,誤っていれば×で答えよ。
(1) 地球の外核は液体,内核は固体の状態である。
(2) 地球の核を構成する元素は,ほとんどがMgである。
(3) 地震波は光と異なり,屈折はせず常に直進する。
(4) 震源からの地震波が直接伝わらない領域があり,同じ地震でのP波が伝わらない領域とS波が伝わらない領域はほぼ同じである。
(5) P波は外核を伝わるが,S波は外核を伝わらない。
(6) 地震波の伝わり方から,地球の内部構造を推定することができる。

ヒント (4)(5)(6) P波は固体・液体・気体中を伝わり,S波は固体中のみを伝わる。

6
(1)
(2)
(3)
(4)
(5)
(6)

2章 地球の変動

1 プレートの運動

♣1
現在の南アメリカ大陸とアフリカ大陸はもともとつながっており、大陸が移動して現在の姿になったとする**ウェゲナーの大陸移動説**も、プレートテクトニクスによって説明できるようになった。

❶ 地球をおおう岩盤

1 プレート
① 地球の表面をおおう、かたい岩盤を、（ ❶　　　　　）という。十数枚に分かれていて、厚さは数十 km～250 km 程度である。
② プレートの動きから地震や火山などの地球で起こる現象を説明する考え方を（ ❷　　　　　）という。

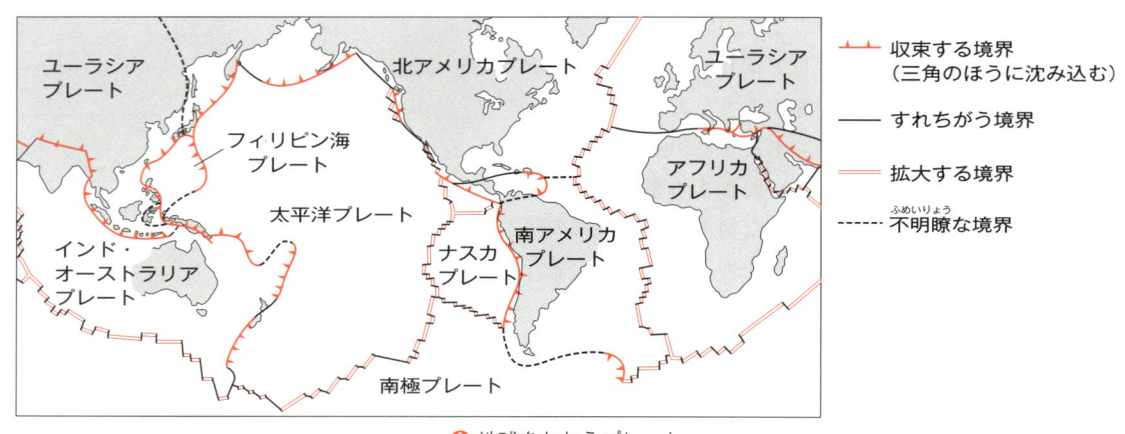

↑ 地球をおおうプレート

♣2
大西洋中央海嶺などがある。

♣3
東アフリカの**大地溝帯**（リフト帯）は、大陸プレート上の発散境界で、大陸が引っ張られてできた溝のような地形である。

♣4
アルプス－ヒマラヤ地域や、環太平洋地域など。

❷ プレートの境界

1 プレートが拡大する境界（発散境界）
海洋底で新しくプレートがつくられ、互いに離れていく（発散する）境界には、（ ❸　　　　　）という山脈状の地形がみられ、**海底火山**の活動がさかんである。

2 プレートが互いに近づく境界（収束境界）
片方のプレートが沈み込む境界と、沈み込まずにプレートどうしが衝突する境界がある。
① （ ❹　　　　　）…大山脈が発達した地帯で、プレートが近づく（収束する）境界にできる。

3 プレートが沈み込む境界
海洋プレートどうしや、海洋プレート（→海のプレートともいう）と大陸プレート（→陸のプレートともいう）が互いに近づく場所では、一方のプレートがもう一方のプレートの下に沈み込む。

① 海洋プレートと大陸プレートが互いに近づく境界では，密度のちがいによって（⑤　　　プレート）のほうが沈み込む。♣5
② プレートが沈み込む境界では，深さ１万ｍにも達する谷状の地形がみられる。この地形を，（⑥　　　　）という。♣6
③ **海溝による地形**…海溝の陸側に，**海溝と平行にできる日本列島のような弓なりの列島**を（⑦　　　）（弧状列島）といい，これらをもつ地域をまとめて（⑧　　　系）という。また，アンデス山脈のような大陸縁の山脈を（⑨　　　）という。⑦や⑨の周辺には火山が多く，地震の発生も多い。

4 プレートが衝突する境界──大陸プレートどうしが互いに近づく境界では，プレートが沈み込むことはなく，衝突して**大山脈**を形成する。

例　（⑩　　　　山脈）…古インド大陸が古チベット大陸に衝突してできた，代表的な大山脈。

5 プレートがすれ違う境界──２つのプレートがすれ違う境界には，**移動方向と平行に**（⑪　　　　　　　断層）ができる。

例　北アメリカ大陸西岸の（⑫　　　　　　断層）。

♣5 海洋プレートは大陸プレートに比べて密度が大きい（→p.8）。

♣6 東北地方の太平洋沖にある**日本海溝**は，太平洋プレートが北アメリカプレートに沈み込んでいる境界である。

♣7 断層にそって岩盤が横にずれる断層のこと。浅い震源（深さ100km程度以下）の地震を発生させる。

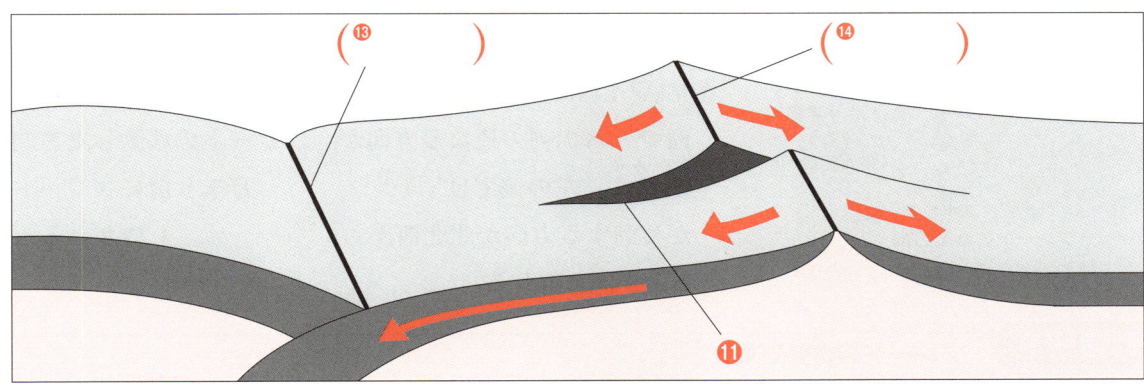

↑ プレートの境界

6 海洋底の年代──海洋底は**海嶺**でつくられ，**海溝**で沈み込むので，（⑮　　　）に近い場所にある海洋底ほど新しい。♣8

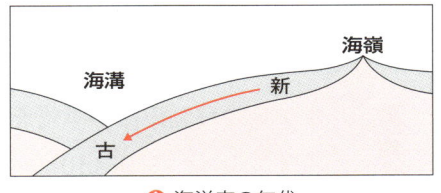

↑ 海洋底の年代

♣8 海洋底は海嶺でつくられ，海嶺を軸として線対称に広がるように移動する。

> 重要　〔プレート境界にできる地形〕
> **海嶺**…プレートが拡大する境界にできる。
> **海溝**…プレートが互いに近づき沈み込む境界にできる。

❸ プレートの移動

1 ホットスポット

① 一般に火山はプレート境界部に多く分布するが，**ハワイ諸島**のように境界部から離れていてもさかんに火山活動が起こっている場所がある。このような場所を（⑯　　　　　）といい，その真下には**マグマの供給源**がある。

♣9 世界で発生する地震の震源，火山の分布を調べると，**プレートどうしの境界付近**が圧倒的に多い（→ p.22,27）。

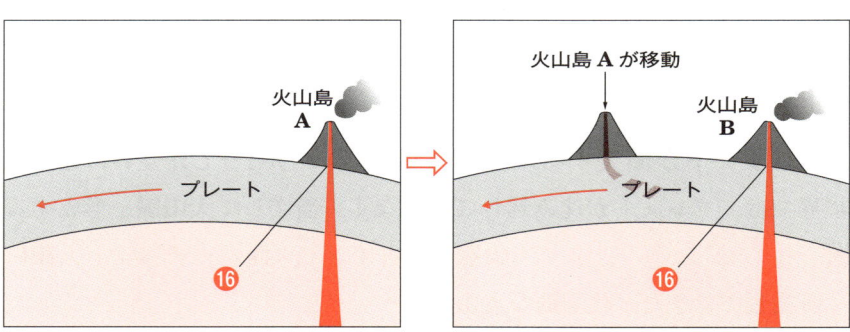
↑ ホットスポットと火山島

♣10 海山列の連なりを直線で結び，その直線が曲がっている部分でプレートの移動する方向が変化したと考えてよい。

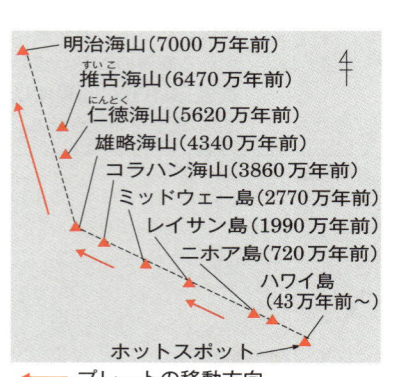
↑ プレートの移動と火山のできた時代

② ホットスポットはほとんど動かないが，噴火によってつくられた**火山島**は（⑰　　　　　）の移動にともなって移動する。移動するプレートの上に火山島がつくられ続けるので，**火山島列**や**海山列**ができる。

③ **ハワイ諸島，天皇海山列**…代表的な火山島列と海山列の例で，海山列の連なる方向が，**プレートの移動した方向**を表す。左の例では，（⑱　　　**万年**）前にプレートが移動する方向が北北西から（⑲　　　　　）に変わったことが読み取れる。

例題研究　プレートの移動速度

　ハワイ島から約 770 km 離れたニホア島は，約 720 万年前には現在のハワイ島の位置にあり，プレートとともに現在の位置まで移動した。プレートは1年間に平均何 cm 移動したか，四捨五入して整数で答えよ。

▶ 解き方　ニホア島の移動距離の単位を cm に直し，移動に要した年数で割る。

$$\frac{(⑳) \times 10^5}{720 \times (㉑)} = (㉒) \cdots ≒ 11\,\text{cm} \cdots \text{答}$$

重要　ホットスポット…プレート境界以外で火山活動がさかんな場所

2 リソスフェアとアセノスフェア

① (㉓　　　　　　　)…物質の流動のしやすさで地球内部を区分したとき，固く流動しにくい部分（プレート）で，**地殻とマントルの浅い部分**にあたる。厚さは海洋が数十km〜100km，大陸が100〜250km程度である。

② (㉔　　　　　　　)…リソスフェアの下にある，比較的**やわらかく流動しやすい**部分。
↳ 固体だが，ゆっくりと変形する
厚さは100〜200km程度で，流動する速さは1年間に10cm程度である。

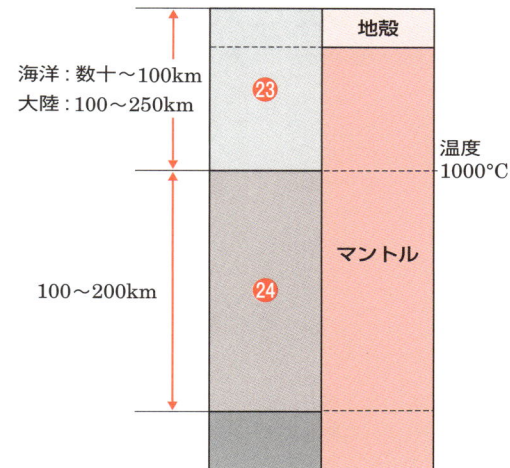

↑ リソスフェアとアセノスフェア

3 マントルの対流

① **プレートの生成と移動**…プレートが生成され，**海溝**で沈み込むまでの移動は，地球内部でのマントルの(㉕　　　　　)によって起こると考えられている。

② **マントル物質の対流**…マントル物質は地下深くで熱せられて**鉛直に上昇**し，その後地表近くで冷やされて**鉛直に下降**する。このような円筒形の流れを(㉖　　　　　)という。

③ 上昇するプルームをとくに**ホットプルーム**，下降するプルームをとくに(㉗　　　　　　　)とよぶ。

♣11
地球内部の**地殻・マントル・核**(→ p.8〜9)という区分は，**構成する物質**による区分であり，リソスフェア・アセノスフェアという区分は**流動しやすさ（固さ）**による区分であるため，境目が異なる。

♣12
重力に平行な方向（上下方向）を**鉛直方向**という。また，重力に垂直な方向を**水平方向**という。

> **重要**
> 〔プレートの移動〕
> **リソスフェア**…固くて流動しにくい部分。
> 　地殻と，マントルの浅い部分にあたる。
> **アセノスフェア**…やわらかく流動しやすい部分。
> 　リソスフェアより下にある。
> **プルーム**…マントルの対流によって発生する円筒形の流れ。

ミニテスト

□❶ 海洋底でプレートが生成される場所にできる地形を何というか。

□❷ プレートの沈み込み境界から離れていても火山活動がさかんな地点の真下にある，マグマの供給源を何というか。

2 地震と地震波

解答 別冊 p.2

❶ 地震の発生

1 震源と震央
① (①　　　)…**地下**の地震が発生した場所。
② (②　　　)…震源の真上にあたる**地表**の点。

2 歪みの蓄積──岩盤に力が加わると**歪み**が生じる。歪みがたまり，限界に達すると岩盤が破壊されて地震が発生する。♣1
① 岩盤が割れてずれたところを(③　　　)といい，地震を発生させた❸を(④　　　)という。

3 本震と余震
① (⑤　　　)…大きな地震(**本震**)のあと，その近くで繰り返し起こる小さな地震。❺の震源の範囲を(⑥　　　)という。
　→1日に数百回にものぼることがある

♣1 実際に地震が起こると，震源のまわりの岩盤も破壊されて歪みを解消する。このような岩盤の割れた領域を**震源域**という。

❷ 地震の尺度

1 地震の規模と揺れの大きさ
① (⑦　　　)…地震が放出する**エネルギーの大きさ**を表し，**地震の規模**を示す尺度。値が1大きくなると地震のエネルギーは約(⑧　　　)倍，2大きくなると地震のエネルギーは(⑨　　　倍)となる。♣2

② (⑩　　　)…ある地点での地震による**揺れの大きさ**の尺度で，日本では 0～7 の階級に分けられている。その中で震度(⑪　　　)と震度(⑫　　　)はさらに**強**と**弱**に分けられており，合計で(⑬　　　段階)となっている。

2 震度の分布
① 一般的に震源の**浅い**地震では，等しい震度が観測される地域は**震央を中心に**(⑭　　　状)に分布する。
② 震源の**深い**地震では，震央から遠く離れた場所のほうが震度が大きいことがあり，このような地域のことを(⑮　　　)という。

♣2 マグニチュードが n 大きくなると，地震のエネルギーは $(\sqrt{1000})^n \fallingdotseq 32^n$ 倍となる。

①岩石 → ②歪み → ③断層ができる
↑岩盤の破壊

重要 〔地震の尺度〕
マグニチュード…地震の規模を表す尺度
震度…揺れの大きさを表す尺度

例題研究　地震の規模

ある地震のマグニチュードは7であった。この地震が放出したエネルギーは，マグニチュードが3の地震の何倍か。

▶解き方　マグニチュードが2大きくなると，地震のエネルギーは（⑯　　　倍）となる。
マグニチュード7の地震とマグニチュード3の地震では，マグニチュードの差が4なので，地震のエネルギーは，
（⑰　　　）² = 1000000 倍　…答

❸ 地震による変動地形

1 断層

① 岩盤に力が加わり，ある面を境にしてずれた境界を（⑱　　　）
→断層面という
という。地震を発生させた断層をとくに（⑲　　　）という。♣3

♣3 地震が発生した際に地表に現れた断層のことを，とくに**地表地震断層**または**地震断層**という。

② 過去数十万年間に繰り返し活動し，将来も活動する可能性が高い断層を（⑳　　　）といい，⑳が繰り返し活動してできる地形を**変動地形**とよぶ。

③（㉑　　　）…岩盤に引っ張りの力がはたらき，**上盤がずり下がった断層**。

④（㉒　　　）…岩盤に圧縮の力がはたらき，♣4 **上盤が下盤の上にずり上がった断層**。

♣4 岩盤の左右から長期間にわたって圧縮の力がはたらいたとき，**褶曲**(→p.39)が形成されることもある。

（㉓　　　）　　　　（㉔　　　）

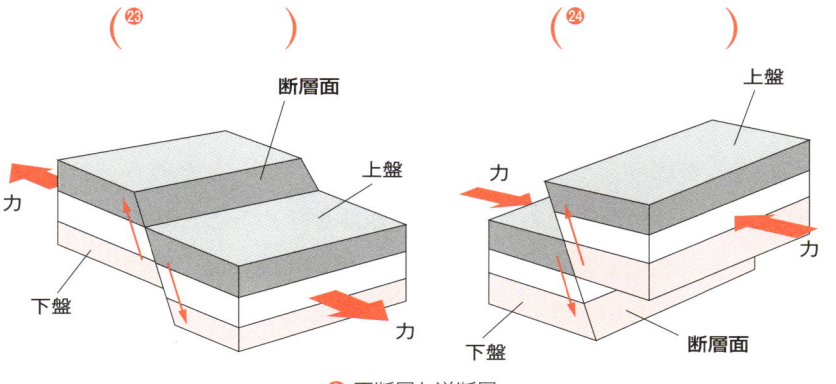

↑ 正断層と逆断層

⑤（㉕　　　）…断層面を境に，**水平に岩盤がずれた断層**。
断層面の向こう側の地盤が右に移動してできた横ずれ断層のことを
（㉖　　　），断層面の向こう側の地盤が左に移動してできた横ずれ断層を（㉗　　　）という。

♣5
Aさんが断層面を境にして向こう側の地盤に立っていたとしても，反対側の地盤は同じ方向に移動しているように見える。

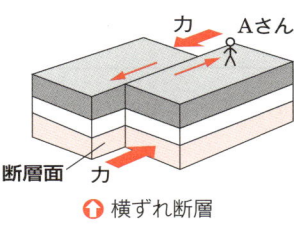
↑横ずれ断層

⑥ 左図は，地面に立ったAさんから見て，断層面を境にした向こう側の地盤が（㉘　　　側）に移動しているので，この断層は（㉙　　　横ずれ断層）である。

〔断層の種類〕
正断層…引っ張りの力で，上盤がずり下がった断層
逆断層…圧縮の力で，上盤がずり上がった断層
横ずれ断層…断層面を境に，岩盤が水平にずれた断層

❹ 震源の決定

1 地震波と揺れ

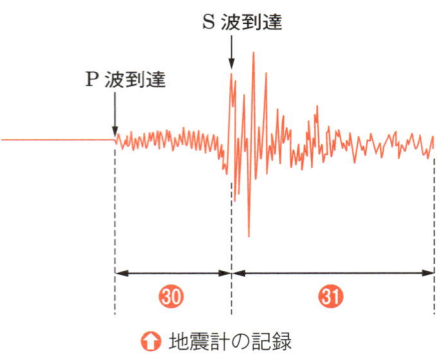
↑地震計の記録

① （㉚　　　）…P波によって最初に発生する小さな揺れ。
　↳ Pは英語のPrimary（第1の）の意味

② （㉛　　　）…S波によって初期微動に続いて発生する大きな揺れ。
　↳ Sは英語のSecondary（第2の）の意味

③ 震源で同時に発生したP波とS波のうち，P波の速度のほうが速いため，観測する地点に先に到達する。
　↳ P波は5〜7km/s，S波は3〜4km/s
P波が到達してからS波が到達するまでの時間を（㉜　　　）または**初期微動継続時間**という。

2 大森公式

① PS時間の長さは（㉝　　　）までの距離に比例する。震源が浅い地震について，PS時間をT，震源までの距離をDとすると，

$$D = kT \quad (k は比例定数，およそ 6〜8\,km/s)$$

という式が成り立つ。この式を（㉞　　　）という。Tは地震計の記録からわかるため，㉝までの距離を求めることができる。

♣6
P波，S波の速度がそれぞれわかれば，比例定数kの値を求めることができる。

② 3つ以上の異なる地点で震源からの距離がわかれば，**震源**，**震央**の位置を決定することができる。

〔地震波と大森公式〕
PS時間（初期微動継続時間）…P波到達からS波到達までの時間
大森公式…PS時間をT，震源までの距離をDとすると，
$$D = kT \quad (k は比例定数，およそ 6〜8\,km/s)$$

重要実習　作図による震央・震源の推定

地点 A, B, C である地震を観測し，それぞれの地点を中心に震源距離を半径とする円をかくと，右の図のようになった。これをもとに作図して震央を求め，震源の深さを推定する。

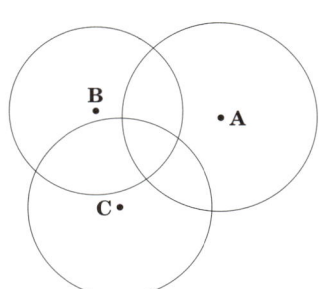

方法（操作）

(1) ある地震を3つの地点 A, B, C で同時に観測し，**PS時間**より**大森公式**を用いて各地点の震源距離を計算する。

(2) 地点 A, B, C を中心として，それぞれの**震源距離**を半径とする円をかく。

(3) 2つの円の共通弦をそれぞれかき，共通弦どうしの交わる点 O が（㉟　　　　）である。

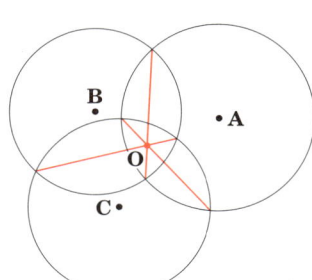

結果と考察

(1) 震源を P とすると，OP の長さが（㊱　　　　）にあたる。

(2) 右の**図1**のように立体的に考えると，OA は水平方向，OP は鉛直方向なので，OA⊥OP である。また，**AP の長さは地点 A を中心に作図した円の半径に等しい**。

図1　　　　図2

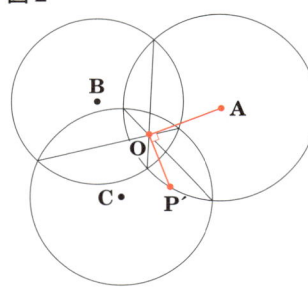

(3) 上の**図2**のようにこの円の円周上に OA⊥OP′ となる点 P′ をとると，P と P′ は A を中心とした同じ球面上にあるので，AP =（㊲　　　　）となる。

(4) 以上より，△OAP と△OAP′ は合同なので，OP =（㊳　　　　）となる。この長さを測れば，震源の深さがわかる。

ミニテスト　　　　　　　　　　　　　　　　　　　　　　　解答　別冊 p.2

- ❶ 地震が発生した地下の地点を何というか。
- ❷ 地震の揺れの大きさの尺度を何というか。
- ❸ 地震の規模を表す尺度を何というか。
- ❹ 大森公式において，震源までの距離と比例するものは何か。
- ❺ 岩盤に引っ張りの力がはたらき，上盤がずり下がった断層を何断層というか。
- ❻ 岩盤に圧縮の力がはたらき，上盤がずり上がった断層を何断層というか。

3 地震の原因と分布

❶ 地震の分布

1 地球全体の震源分布——地球全体では，地震の震源はプレートの（①　　　　　）に集中している。♣1 その中でも震源が100kmより深い（②　　地震）は，とくに限られた地域で発生している。
→ プレートが沈み込む境界(p.14)

♣1 世界の震央の分布は，火山の分布(→p.26)とほぼ一致している。

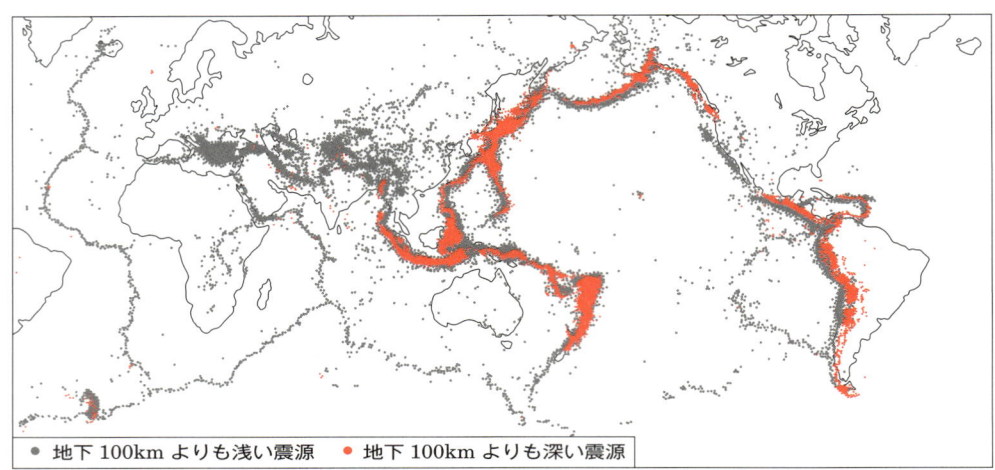

● 地下100kmよりも浅い震源　● 地下100kmよりも深い震源

⬆ 世界の震源分布

❷ 地震の原因

1 （③　　　　地震）（プレート境界地震）——沈み込んだ海洋プレートに引きずり込まれた大陸プレートが反発して元に戻るときに発生する地震。ある程度周期的に起こることが予想される。1923年の**関東地震**，
関東大震災を引き起こした
1944年の**東南海地震**，2011年の（④　　　　地震）など。
東日本大震災を引き起こした

① 東北地方のようにプレートの沈み込み境界で発生する**深発地震**は，**沈み込むプレート**に沿って発生する。

② 東北地方では，太平洋側にある（⑤　　　プレート）が，日本海側にある**北アメリカプレート**の下に沈み込んでおり，その境界で大きな地震が多発している。

③ 日本列島で起こる地震は，**太平洋側から日本海側に向かって震源が**（⑥　　　　）**なる**傾向がある。

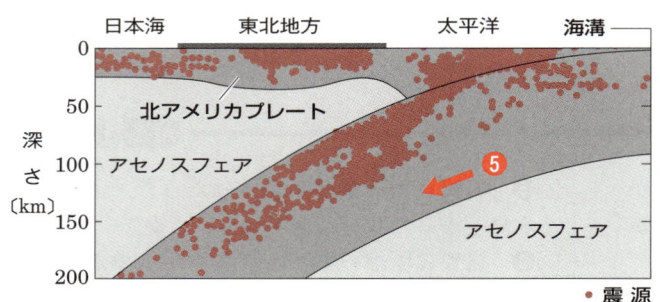

⬆ 東北地方の東西断面の震源分布

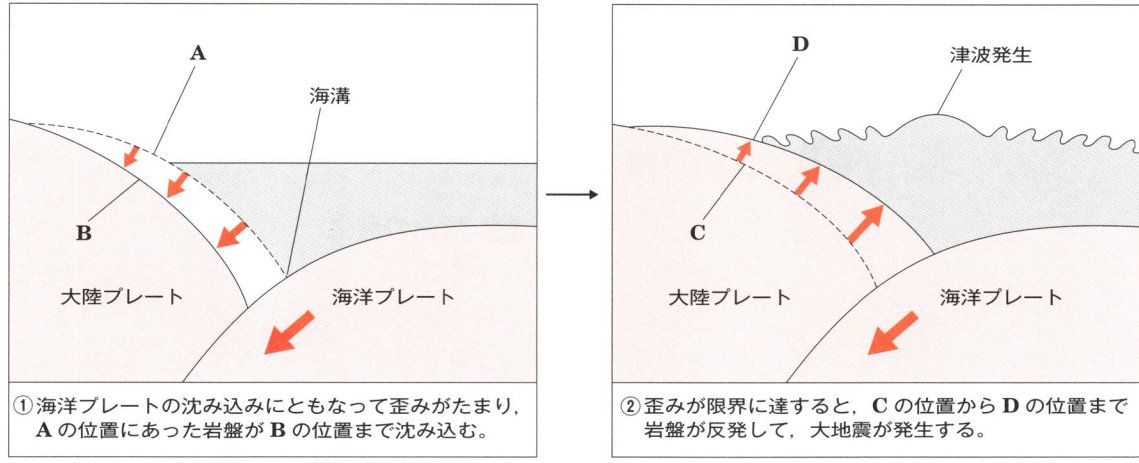

↑ 海溝型地震

2 (⁷　　　　　地震)(内陸地殻内地震)——地殻の浅いところで発生する地震。海洋プレートが沈み込み、それによって押された**大陸プレート**内の岩盤が破壊されることで発生する。♣2

① プレート内地震の原因となる、**最近数十万年間に繰り返し活動し、将来も活動する可能性が高い断層**を(⁸　　　　　)という。

② プレート内地震のうち、日本列島の地殻内などで発生する地震を**内陸地震**ともいう。

③ 内陸地震は一般に規模が小さいが、人が生活する地域の直下で発生する(⁹　　　　地震)は、大きな被害をもたらすことがある。1995年に発生した(¹⁰　　　　地震)など。
　↳阪神・淡路大震災を引き起こした

♣2
深発地震は沈み込んだ海洋プレートに震源があり、震源が浅い**プレート内地震**は、大陸プレートに震源があることを区別する。

重要 〔地震の原因と種類〕
深発地震…震源が 100 km よりも深い地震
海溝型地震(プレート境界地震)…プレートの沈み込み境界で、蓄積した歪みの解放によって起こる地震
プレート内地震(内陸地殻内地震)…地殻の浅いところで、大陸プレート内部の破壊により起こる地震

ミニテスト　　　　解答 別冊p.2

□❶ 震源が 100 km よりも深い地震を何というか。
□❷ プレートの沈み込み境界で起こる地震を何というか。
□❸ 日本列島で起こる地震の震源の深さは、太平洋側より日本海側のほうがどのようになっているか。

4 火山とその噴火

解答 別冊 p.2

❶ 火山の噴火

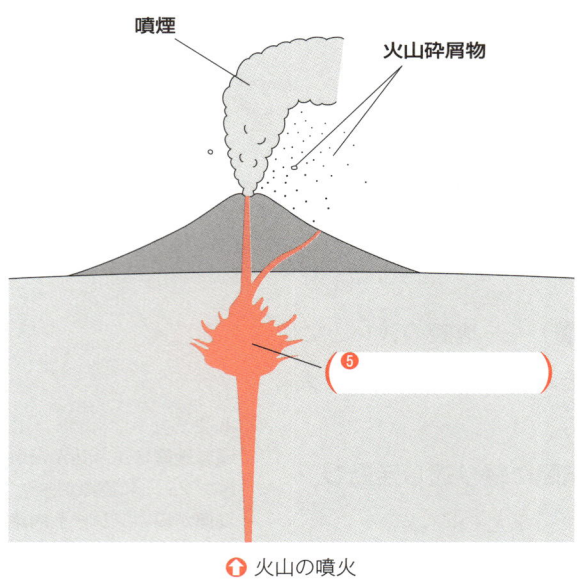

↑ 火山の噴火

1 噴火の発生

① (❶　　　　　)…地下の岩石が高温でとけて**液状**となったもの。

② (❷　　　　　)…地中でマグマがたまっている場所。マグマが，周囲の岩石に比べて**密度が小さい**ため上昇し，周囲の岩石と密度がつり合ったところで上昇をやめて形成される。

③ マグマには (❸　　　　　) や水などの**揮発成分**が含まれる。（→気体になりやすい成分のこと）これらが分離して圧力が高まると周囲の岩石を破壊して**溶岩**や**火山ガス**が地表に噴き出す (❹　　　　　) が起こる。

↑ 溶岩流

↑ 火山弾 ©群馬大学

2 火山噴出物

① (❻　　　　　)…火山の**噴火**によって地表に出た物質。

② (❼　　　　　)…マグマが地表に噴出したもの，また，それが固まったもの。

③ (❽　　　　　)…主成分は**水蒸気**で，**二酸化炭素**，**二酸化硫黄**，**硫化水素**などを含む。

④ (❾　　　　　)…**火砕物**ともいう。（→テフラということもある）火山の噴火によって山体やマグマの一部が飛び散ったもの。次のように分類される。

・(❿　　　　　)…粒子の**直径が 2 mm 以下**のもの
・**火山礫**…粒子の**直径が 2〜64 mm** のもの
・(⓫　　　　　)…粒子の**直径が 64 mm 以上**のもの
・(⓬　　　　　)…**紡錘形**をした**岩塊**
・(⓭　　　　　)…**多孔質の白っぽい岩塊**

❷ 噴火のようす

1 マグマの粘性と噴火のようす

① **噴火の激しさ**…おもにマグマの（⑭　　　）（粘りけ），**揮発成分**の量によって決まる。

② **マグマの粘性**…含まれる（⑮　　　　）（SiO_2）の量が多いほど，また，同じ成分であってもマグマの温度が（⑯　　　）ほど大きくなる。

③ 二酸化ケイ素の成分が最も多いマグマは（⑰　　　　マグマ），最も少ないマグマは（⑱　　　マグマ）となり噴出する。⑰は⑱に比べ，**粘性が大きいため流れにくく，噴火は激しくなる**。

④ マグマに**揮発成分が多いほど，噴火は激しくなる**。
→とくに水分が多いと爆発的な噴火になりやすい

> **重要**
> 〔マグマの粘性と噴火のようす〕
> **マグマの粘性**…二酸化ケイ素の量が多いほど粘性は大きい。
> **噴火のようす**…マグマの粘性が大きいほど激しく噴火する。

♣1 火山岩（→p.28）では，含まれる**二酸化ケイ素**（SiO_2）が多い順に**流紋岩，安山岩，玄武岩**である。

2 マグマの粘性と噴火に伴う現象

① （⑲　　　）…火山の噴火の際，**高温の火山ガスや火山砕屑物**が高速で山の斜面を流れ下る現象。**粘性の大きいマグマ**の火山が噴火する際に起きやすい。

② （⑳　　　）…火山の噴火の際，**溶岩**が火口から流れ下る現象。**粘性の小さいマグマ**の火山が噴火する際に起きやすい。

3 マグマと火山の形

① （㉑　　質マグマ）…粘性が小さく，なだらかに広い範囲に広がる（㉒　　火山）や，平坦に広がって広大な台地である**溶岩台地**を形成する。
→溶岩原ともいう

② （㉓　　質マグマ）…粘性が大きく，高く盛り上がった形の（㉔　　　）（**溶岩円頂丘**）を形成する。

③ （㉕　　質マグマ）…粘性は玄武岩質マグマと流紋岩質マグマの**中間**であり，**溶岩と火山砕屑物が交互に重なった**（㉖　　火山）を形成する。

④ （㉗　　　）…火山が大爆発を起こしたあと，火口の中央が陥没してできる地形。**阿蘇山**が有名。
→くぼ地に水がたまり湖や湾となることもある

♣2 **盾状火山**…ハワイ島のマウナロア山，キラウエア山など
溶岩台地…インドのデカン高原など

♣3 **溶岩ドーム**…昭和新山，浅間山など

♣4 桜島，岩木山など日本の大型火山のほとんどは**成層火山**である。なお玄武岩質マグマの火山でも，比較的爆発的な噴火をする**富士山**などは，溶岩と火山砕屑物が交互に重なった成層火山である。

マグマの粘性	小さい ←――――――――――――→ 大きい
マグマの温度	高い ←――――――――――――→ 低い
SiO_2 の量	(㉘) ←――――――――――→ (㉙)
マグマの名称	玄武岩質マグマ ←―(㉚ マグマ)―→ 流紋岩質マグマ
噴火のようす	穏やか ←――――――――――――→ 激しい
火山の形	盾状火山 ←――(㉛ 火山)――→ 溶岩ドーム

⬆ マグマの性質と噴火のようす，火山の形

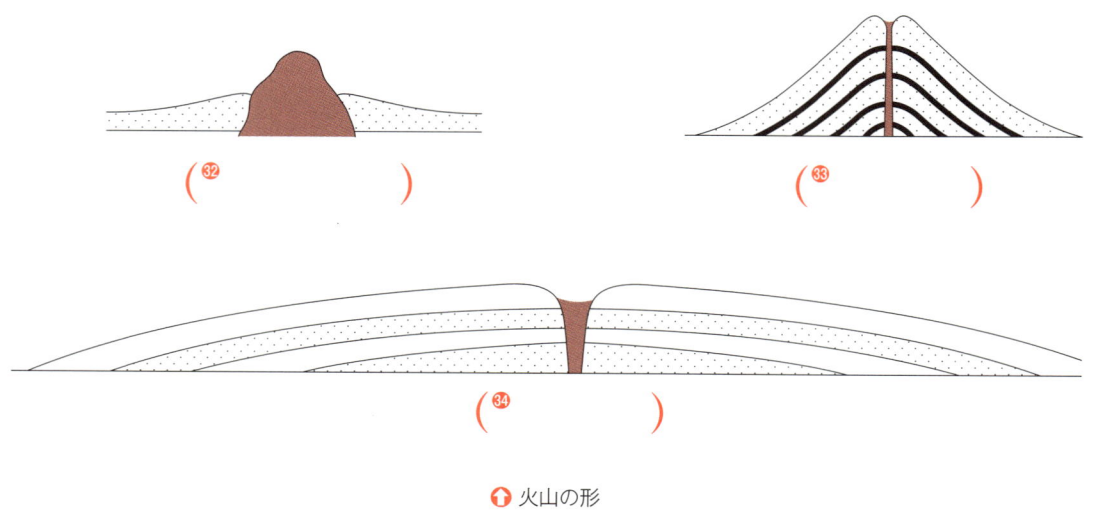

(㉜   )　　　　　　(㉝   )

(㉞   )

⬆ 火山の形

> **重要**　〔マグマの粘性と火山の形〕
> マグマの粘性が大きい…溶岩ドーム（溶岩円頂丘）
> 中間的なマグマの粘性…成層火山
> マグマの粘性が小さい…盾状火山

❸ 火山の分布とその特徴

1 火山の分布——地球上の火山は特定の地域に集中している。火山が帯状に並んで集中する地域を(㉟　　　　)という。

2章 地球の変動 | 27

2 島弧－海溝系の火山──プレートの沈み込み境界に沿って，海溝から大陸側に100～300 km程度の地域に帯状に分布する火山。

① (㊱　　　質) マグマを主とする。
② (㊲　　　　　)…島弧－海溝系で火山分布の海溝側の限界の線。プレートがある程度の深さまで沈み込んだ場所でマグマが発生し，火山を形成する。
　↳火山フロントともいう

> **重要**
> 〔島弧－海溝系の火山〕
> **火山前線**…島弧－海溝系において，火山の分布の海溝側の限界。海溝からある程度陸側に離れた位置にできる。

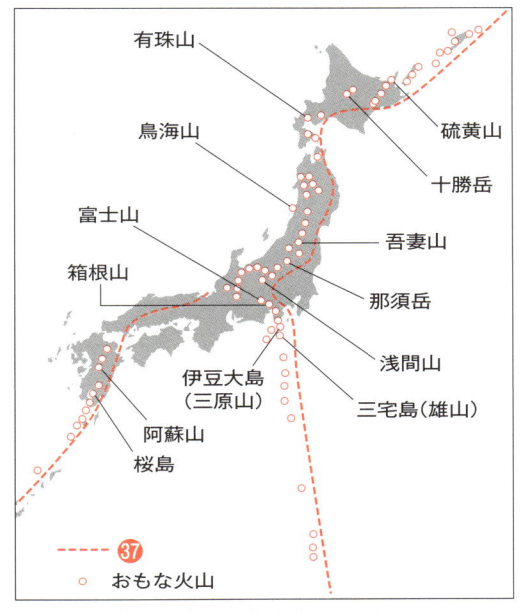

↑ 日本のおもな火山と火山前線

3 海嶺に分布する火山──海底火山の活動が活発な海嶺付近に分布する火山。多くは海底火山である。**アイスランド**などが有名。
① **玄武岩質マグマが海底に噴出して海水で急激に冷やされると，丸みをおびた形の** (㊳　　　溶岩) を形成する。
② (㊴　　　　　)…海底で，**熱水を噴出し続けている部分**。東太平洋海嶺などでみられる。

♣5，♣6
アイスランドは，海嶺とホットスポットが重なった火山だと考えられている。

4 ホットスポットの火山──地下に (㊵　　　　) の供給源があるホットスポットにつくられる火山。**ハワイ諸島**や**天皇海山列**が有名。
　↳p.16
① ホットスポットの火山は (㊶　　　質マグマ) から形成される。
　　　　　　　　　　　　　　↳粘性の小さなマグマ
② ホットスポットはほとんど移動しないが，**その上のプレートが移動するので，一列の火山島ができる**。それぞれの火山島はしだいに侵食されて (㊷　　　　) になる。

ミニテスト　　　　　　　　　　　　　　　　　　解答 別冊 p.3

□❶ マグマの圧力が上昇して周囲の岩石を破壊し，火山ガスや溶岩などを地表に噴き出すことを何というか。
□❷ 火山砕屑物のうち，粒子の直径が2 mm以下のものを何というか。
□❸ マグマの粘性に大きな影響をあたえるのは，含まれる何という成分の量によって決まるか。
□❹ 粘性が小さい玄武岩質マグマによってできる火山の形を何というか。
□❺ 島弧－海溝系の火山は，主に何というマグマによって形成されるか。
□❻ 海嶺に分布する，海底火山から噴き出した玄武岩質マグマが水中で固まってできた，丸みのある溶岩を何とよぶか。

5 火成岩

解答 別冊 p.3

① 火成岩

出る

⇧ 貫入による火成岩体

(マグマが冷えて固まった岩石を火成岩という)

1 貫入(かんにゅう)による火成岩体――マグマが地下の地層などの間に入り込むことを（❶　　　　）という。

①（❷　　　　）…マグマが**地層面にほぼ平行**に貫入してできた火成岩体。

②（❸　　　　）…マグマが地層の割れ目に沿って**地層面を横切るように**貫入してできた火成岩体。

③（❹　　　　）（バソリス）…大規模な**花こう岩**が貫入してできた火成岩体。

2 火成岩の種類と組織

①（❺　　　　）…マグマが地下の深いところで長い時間をかけて冷えてできた岩石。**鉱物が十分に成長**し，粒の粗(あら)い結晶が集まってできている。このような組織を（❻　　　　）という。(鉱物の結晶がすき間なく並ぶ)

②（❼　　　　）…マグマが地表や地表近くで急激に冷やされてできた岩石。**細かい結晶やガラス質**の（❽　　　　）(非晶質ともいう)と**粗粒(そりゅう)の結晶**である（❾　　　　）からなる[♣1]。このような組織を（❿　　　　）という。

（⓫　　　　組織）　（⓬　　　　組織）

⇧ 火成岩の組織

♣1
マグマが地表付近に移動する前に**晶出**（結晶化）した部分が**斑晶(はんしょう)**となる。マグマが地表付近に移動して急激に冷やされると，結晶は十分に成長することができず**石基(せっき)**となる。

> **重要**
> 〔火成岩の種類と組織〕
> **深成岩…等粒状組織からなる。**
> **火山岩…斑状(はんじょう)組織（石基(せっき)と斑晶(はんしょう)）からなる。**

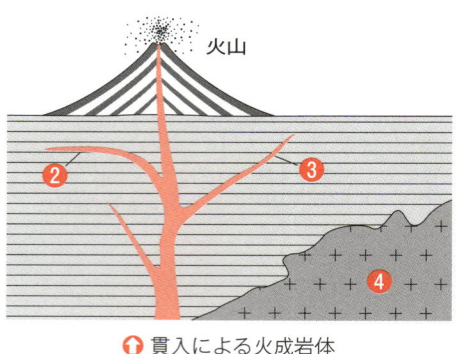

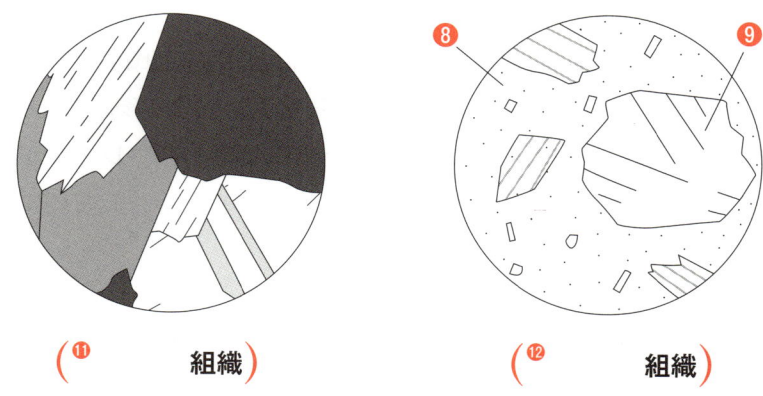

3 マグマの分化

マグマだまりのマグマが冷えるにしたがって，さまざまな鉱物が生じ，残ったマグマ自身の化学組成もしだいに変化する。このような，**均質に混ざったマグマからいろいろな化学組成のマグマに分かれる作用**を，マグマの(⑬　　　　　　)という。

 発展

♣2
デーサイトはデイサイトとも書く。

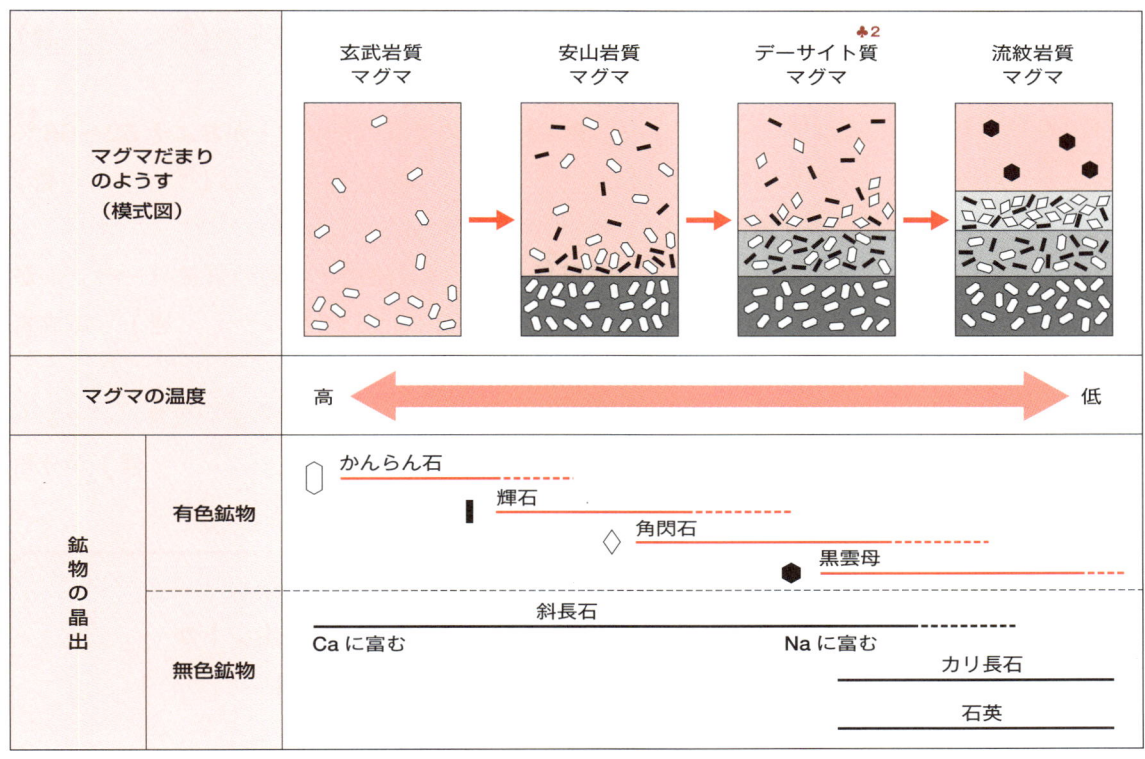

↑ マグマの結晶分化作用

4 鉱物の産状

① (⑭　　　　)…鉱物の結晶が十分に成長し，**鉱物の結晶本来の形**で産出するもの。
　↳ それぞれの鉱物は，特有の形の結晶をつくる
② **半自形**…鉱物が成長する過程で互いに接していたために，その**一部が鉱物の結晶本来の形になれないまま**産出したもの。
③ (⑮　　　　)…他の鉱物の間を埋めるように結晶化し，**鉱物の結晶本来の形になれずに**産出するもの。
　↳ 漢字に注意すること
④ **結晶化の順序**…自形の鉱物が先に晶出し，そのすき間を埋めるように他形の鉱物が晶出したと考えれば，マグマの中の鉱物が**産出した順序を推定**できる。一般に，**自形の鉱物→半自形の鉱物→他形の鉱物**の順で結晶化したと推定される。

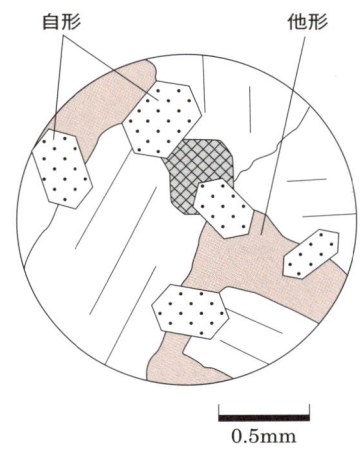

↑ 自形と他形

❷ 火成岩の分類

1 化学組成による分類

① 火成岩には（⑯　　　　　　　　）が最も多く含まれ，火成岩はその量（質量パーセント）によって分類される。♣3

② （⑰　　　　　）（ケイ長質岩）…二酸化ケイ素の質量パーセントがおよそ66％以上の火成岩。火山岩ではデーサイトや（⑱　　　　岩），♣4 深成岩では（⑲　　　　岩）が分類される。

③ （⑳　　　　　）…二酸化ケイ素の質量パーセントがおよそ52～66％♣5 の火成岩。火山岩では（㉑　　　　岩），深成岩では（㉒　　　　岩）が分類される。

④ （㉓　　　　　）（苦鉄質岩）…二酸化ケイ素の質量パーセントがおよそ45～52％の火成岩。火山岩では（㉔　　　　岩），深成岩では（㉕　　　　岩）が分類される。

⑤ （㉖　　　　　）（超苦鉄質岩）…二酸化ケイ素の質量パーセントがおよそ45％以下の火成岩。深成岩の（㉗　　　　岩）が分類される。

> **重要**　〔火成岩の化学組成による分類〕
> 含まれる二酸化ケイ素（SiO_2）の質量パーセントが
> 　およそ66％以上…**酸性岩（ケイ長質岩）**
> 　およそ52～66％…**中性岩**
> 　およそ45～52％…**塩基性岩（苦鉄質岩）**
> 　およそ45％以下…**超塩基性岩（超苦鉄質岩）**

2 火成岩を構成する鉱物

① （㉘　　　　　）（苦鉄質鉱物）…かんらん石，輝石，角閃石，黒雲母のように色がついていて鉄，マグネシウムを多く含む鉱物。♣6
　　　　　　　　　　　　　　　　　　　　元素記号 Fe　　元素記号 Mg

② （㉙　　　　　）（ケイ長質鉱物）…石英，カリ長石，斜長石のように無色または薄い色の鉱物。鉄やマグネシウムを含まない。斜長石は，すべての火成岩に含まれ，岩石によってカルシウムに富む斜長石やナトリウムに富む斜長石などいろいろな組成のものがある。
　元素記号 Na　　　　　　　　　　　　　　　　　　　元素記号 Ca

③ （㉚　　　　　）…火成岩中で，有色鉱物が占める割合（体積パーセント）。この値が大きいほど火成岩の色は黒っぽくなる。また，**色指数が高い**ほど，鉄，マグネシウム，カルシウムに富む。

♣3　酸性・塩基性・中性という名前のグループで区別するが，化学で用いる酸性・塩基性・中性とは異なる。ここでは，二酸化ケイ素（SiO_2）の量を表すものである。

♣4，♣5　酸性岩（ケイ長質岩）と中性岩との境界を，およそ63％とすることもある。

♣6　かつてマグネシウムのことを苦土とよんでいたなごりで，鉄やマグネシウムを多く含むことを苦鉄質という。塩基性岩は鉄やマグネシウムを多く含むので，苦鉄質岩ともよばれる。

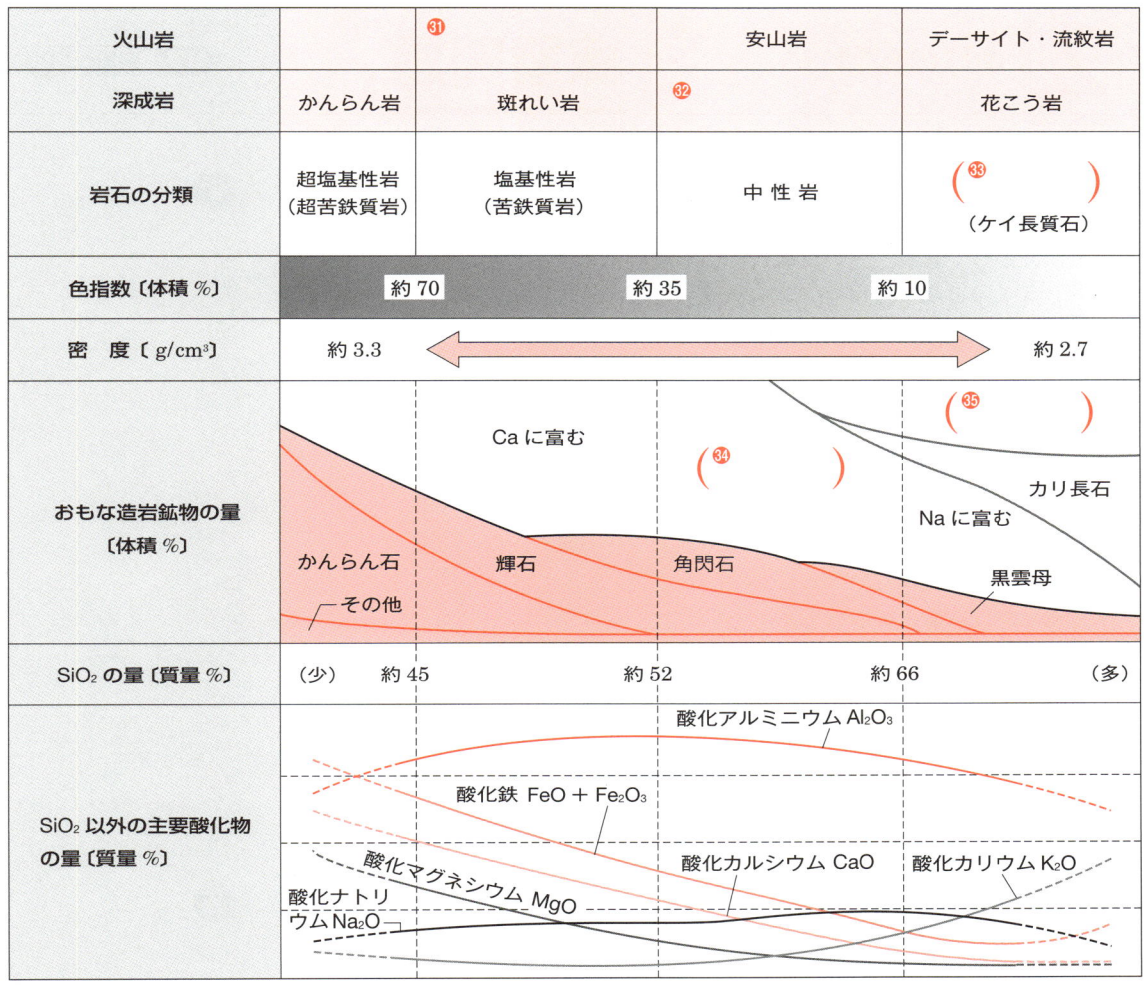

↑ 火成岩の鉱物組成と分類

> **重要** 〔火成岩を構成する鉱物〕
> 有色鉱物（苦鉄質鉱物）…かんらん石，輝石，角閃石，黒雲母
> 無色鉱物（ケイ長質鉱物）…石英，カリ長石，斜長石

ミニテスト　　　　　　　　　　　　　　　　　　　　　　　　解答　別冊 p.3

- □❶ 大規模な花こう岩質のマグマが貫入してできた火成岩体を何というか。
- □❷ 火山岩を構成する組織を何というか。
- □❸ 火山岩の組織は何という部分から構成されるか，2つ答えよ。
- □❹ 二酸化ケイ素（SiO_2）の質量パーセントが約 52〜66 % の火成岩を何とよぶか。
- □❺ ❹のような火成岩を2つ答えよ。
- □❻ 火成岩を構成する無色鉱物は，斜長石，カリ長石などの長石類と何か。

2章 地球の変動

練習問題

解答 別冊p.10

❶ 〈プレートの境界〉
▶わからないとき→p.14〜15

プレートと地形の関係について，次の問いに答えよ。

(1) 海洋底がつくられ，互いに離れていく境界にできる地形を何というか。
(2) プレートが近づく境界で，一方のプレートがもう一方のプレートに沈み込む海底にできる深い谷状の地形を何というか。
(3) ヒマラヤ山脈はどのようにしてできたか。次のア〜ウから選べ。
　ア　古インドプレートがチベットプレートの下に沈み込んでできた。
　イ　古インド大陸が古チベット大陸に衝突してできた。
　ウ　古インド大陸と古チベット大陸が互いに離れてできた。
(4) 海洋底について正しいものを，次のア〜ウから選べ。
　ア　海洋底は海嶺に近いほど新しい。
　イ　海洋底は海溝に近いほど新しい。
　ウ　海洋底の年代に場所による規則性はない。

(3) 大山脈は，プレートの沈み込み境界やプレートがつくられる場所には形成されない。
(4) 海洋底がつくられる場所と消滅する場所から考える。

❶
(1) _____
(2) _____
(3) _____
(4) _____

❷ 〈プレートの移動〉
▶わからないとき→p.16〜17

次の文が正しければ○，誤っていれば×で答えよ。

(1) 地殻とマントル上部の固く流動しにくい部分をアセノスフェアという。
(2) 地殻を構成する，十数枚の岩盤をプレートという。
(3) 地下深くで温められたマントル物質は，上昇流をつくる。このような，物質の移動による熱の輸送を熱伝導という。
(4) プレートはマントル物質の流れによって移動すると考えられている。

(1) アセノスフェアとリソスフェアの区別を考える。
(4) マントル物質とプレートの位置関係から考える。

❷
(1) _____
(2) _____
(3) _____
(4) _____

❸ 〈地震〉
▶わからないとき→p.18〜23

次の文の空欄に入る適当な語を答えよ。

　地震が発生した地下の地点を（ ① ）といい，その真上の地表の地点を（ ② ）という。地震の尺度にはある地点での揺れの大きさを表す（ ③ ）と地震の規模を表す（ ④ ）があり，日本の③は（ ⑤ ）段階に分けられる。
　①で発生した地震波のうちP波による揺れを（ ⑥ ）といい，S波による揺れを（ ⑦ ）という。P波到達からS波到達までの時間を（ ⑧ ）または初期微動継続時間といい，震源までの距離に比例する。

❸
① _____
② _____
③ _____
④ _____
⑤ _____
⑥ _____
⑦ _____
⑧ _____

地震によって地形が変動することがあり，岩盤に力が加わることによって，ある面を境に岩盤がずれた境界を（ ⑨ ）という。上下に岩盤がずれてできた⑨のうち，引っ張りの力によって形成されるものが（ ⑩ ），圧縮の力によって形成されるものが（ ⑪ ）である。

地震は原因によっても分類され，震源が100kmより深い地震を（ ⑫ ）とよぶ。1923年の関東地震や2011年の東北地方太平洋沖地震のように，沈み込んだ海洋プレートに引きずり込まれた大陸プレートが反発して歪みがもとに戻るときに発生する地震を（ ⑬ ）地震という。また，1995年の兵庫県南部地震のような（ ⑭ ）地震は，プレートの内部で発生する地震である。

⑫ 日本列島で多い地震である。
⑬ 規模が大きくなりやすい地震である。

❹ 〈火山と噴火のようす〉　▶わからないとき→p.24〜27
火山の噴火について，次の問いに答えよ。
(1) マグマの粘性は，おもに含まれる何という物質の量によって決まるか。
(2) 火砕流が発生しやすいのは，マグマの粘性が小さいときか，大きいときか。
(3) 玄武岩質マグマが形成する火山の形として誤っているものを，次のア〜ウから選べ。
　ア　盾状火山　　イ　溶岩ドーム　　ウ　溶岩台地
(4) 成層火山を形成するのは，おもにどのような種類のマグマか。

(3) 玄武岩質マグマは粘性が小さい。

❺ 〈火成岩〉　▶わからないとき→p.28〜31
火成岩について，次の問いに答えよ。
(1) 等粒状組織をもつ火成岩を何というか。
(2) 次のア〜ウの産状の鉱物を，晶出が早かった順に並べ，記号で答えよ。
　ア　半自形　　イ　他形　　ウ　自形
(3) 次のア〜ウの岩石を，二酸化ケイ素（SiO_2）の割合が多い順に並べ，記号で答えよ。
　ア　塩基性岩（苦鉄質岩）　　イ　中性岩（中間質岩）
　ウ　酸性岩（ケイ長質岩）
(4) 斑れい岩に多く含まれる有色鉱物は，かんらん石，角閃石と何か。
(5) 次のア〜ウのうち，黒雲母を最も多く含む火成岩を選べ。
　ア　安山岩　　イ　流紋岩　　ウ　玄武岩
(6) 次のア〜ウのうち，最もFe, Mgに富む火成岩を選べ。
　ア　花こう岩　　イ　閃緑岩　　ウ　斑れい岩
(7) 色指数が約10〜35である火山岩は何か。
(8) 花こう岩にはほとんど含まれない鉱物を，次のア〜ウから選べ。
　ア　石英　　イ　黒雲母　　ウ　かんらん石

(5) 酸性岩（ケイ長質岩）である。
(7) 角閃石，輝石，少量の黒雲母を含む。

3章 地球の歴史

1 堆積岩

解答 別冊 p.3

❶ 堆積岩の形成

1 岩石の風化——岩石が長い間大気や水にさらされると、しだいに**細かく砕かれたり**、水などのはたらきで**溶けたり変化したりしやすく**なる。この作用を、(❶　　　　)という。

① (❷　　　　)(**物理的風化**)…地表に露出する岩石が、**温度変化**により膨張、収縮したり、割れ目にしみ込んだ**水が凝固・融解**をくり返すことでひびが大きくなっていったりして、細かく砕かれていくことですすむ風化。

② (❸　　　　)…地表付近の岩石が、雨水や地下水と反応するなど、**水のはたらき**によって**化学変化**をおこすことですすむ風化。

③ 乾燥地域や寒冷地域では(❹　　　風化)、温暖で湿潤な地域では(❺　　　風化)が起こりやすい。♣1

♣1 乾燥した地域や寒冷な地域は一般に**温度変化が大きく**、一方で温暖で湿潤な地域には**水が豊富な**ためである。

2 河川の作用と砕屑物の堆積

① 流水のはたらきには、岩石をけずりとる(❻　　　作用)、砕屑物を運ぶ(❼　　　作用)、砕屑物を積もらせる(❽　　　作用)がある。

② 侵食作用や運搬作用は流水の流速が(❾　　　)ほど強くなる。

③ 流水の流速が(❿　　　)なると♣2、運搬作用が**弱まる**ため堆積作用が発生する。

♣2 ある程度の流速がないと、運搬自体が起こらないこともある。

> **重要** 〔流速と流水の作用〕
> **侵食作用・運搬作用**…流水の流速が大きいほど強い。
> **堆積作用**…流水の流速が小さくなると発生する。

♣3 水が抜けて、そこに沈殿した鉱物(SiO_2や$CaCO_3$)によって粒子が接着されて固くなる。

3 堆積岩の形成——堆積した粒子は長い時間をかけて**圧縮**され**脱水**し、さらに粒子のすき間に新しい鉱物ができて**固結**して、固い堆積岩になる。この作用を(⓫　　　作用)という。

❷ 堆積岩の分類

1 堆積岩の分類——多くの堆積岩は，(⑫　　　　)の種類によって分類される。

① (⑬　　　　)・チャート…生物の遺骸が起源である場合と，化学的な沈殿物が堆積して固結した場合がある。

堆積岩の分類	岩石名	もとになった堆積物／化学岩の主成分
⑭	⑮	礫（直径 2 mm 以上）
	砂岩	砂（直径 $2 \sim \frac{1}{16}$ mm）
	⑯	泥（直径 $\frac{1}{16}$ mm 未満）
火山砕屑岩	凝灰角礫岩	火山礫と火山灰
	⑰	火山灰
化学岩	⑱	$CaCO_3$ が主成分
	⑲	SiO_2 が主成分
	岩塩	(⑳　　　　) が主成分
	石こう	$CaSO_4 \cdot 2H_2O$ が主成分
生物岩	石灰岩	フズリナ（紡錘虫）・サンゴ・貝殻などの遺骸
	チャート	放散虫の殻

↑ おもな堆積岩の分類

> **重要** 〔堆積岩の分類〕
> 堆積物の種類によって堆積岩を分類する。
> 石灰岩・チャートは，化学岩に分類される場合と生物岩に分類される場合がある。

ミニテスト 　　　　　　　　　　　　　　　　　　　　　　　解答 別冊 p.3

- ❶ おもに水のはたらきによって起こるのは，機械的風化と化学的風化のどちらか。
- ❷ 流水の侵食作用，運搬作用，堆積作用のうち，流水の流速が大きいほど強くなる作用を2つ答えよ。
- ❸ 堆積物が長い時間をかけて圧縮され脱水し，固い堆積岩となる作用を何というか。
- ❹ 凝灰岩のもととなる堆積物は何か。
- ❺ 放散虫の殻を起源とする生物岩を何というか。

2 地層の形成

❶ 地層の構造

1 地層の重なり方

① (❶　　　　　)…堆積物が積み重なり，平行な境界面で区切られた**板状の層**になったもの。

② (❷　　　　　)(**地層面**)…地層の境界面。

③ (❸　　　　の法則)…地層の変形や逆転がない場合に，上にある地層ほど新しく，下にある地層ほど古いという関係。♣1

④ (❹　　　　　)…地層が堆積した順序。地層は地球上で起こった出来事を記録しているので，地球の歴史を知る手がかりとなる。

♣1
褶曲などによって**地層の逆転**が起こることがある(→p.39)。地層の逆転が起こっているとき，上にある層のほうが下にある層よりも古い。

重要 〔**地層累重の法則**〕
地層の変形，逆転がない場合，**下の地層ほど古く，上の地層ほど新しい。**

2 堆積物のつくる構造

砕屑物が水や風によって運ばれ，堆積するときに形成されるさまざまな構造を，(❺　　　　　)という。

① (❻　　　　　)(**漣痕**)…地層の上面に，水や風の流れによって形成される構造。♣2

② (❼　　　　　)(**底痕**)…地層の下面にみられる構造。とくに，水流が堆積物の**表面を削った**あとの上に堆積した地層で，その下面に残る模様を**流痕**といい，当時の水流の向きを推定できる。

③ (❽　　　　　)(**斜交葉理**)…層理面に**斜交する縞模様**。縞模様を切っている層が，切られている層よりも後に堆積したことがわかる。砕屑物を運搬，堆積させる水流や風の向きや強さが変化したときにできる。内部構造が❽になっている地層の表面には，**リップルマーク**がみられる。

♣2
リプルマークはリップルマークとも書く。

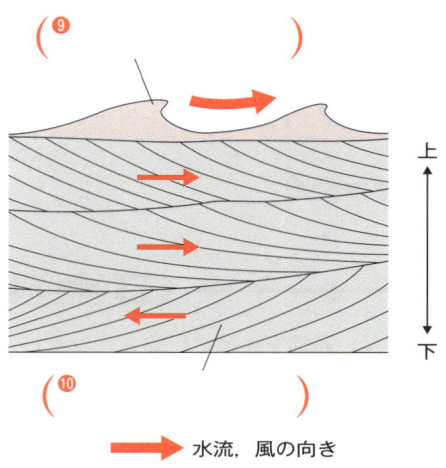

(❾　　　)
(❿　　　)
→ 水流，風の向き

↑ リップルマークとクロスラミナ

④ (⑪   層理)♣3…1枚の地層中で，下のほうから上のほうに向かって粒子がしだいに (⑫   ) なっている構造。流速が小さくなると，(⑬   ) 粒径の粒子から順に沈むために形成される。

⑤ (⑭   )（混濁流）…水と砕屑物が混ざった高密度の流れ。

⑥ (⑮   )…乱泥流が堆積した地層。⑮では級化層理がよくみられる。

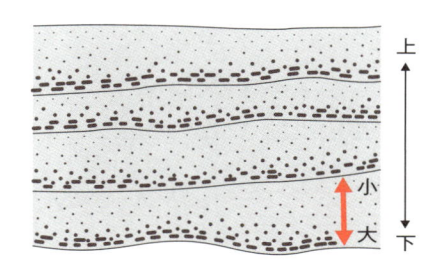

↑ 級化層理と上下

♣3 級化構造や級化成層ともいう。

重要
〔堆積構造〕
リプルマーク…地層の上面に形成
ソールマーク…地層の下面に形成
斜交葉理…層理面に斜交する縞模様

3 整合と不整合

① (⑯   )…地層が**時間的な隔たりがなく，連続して堆積した**ときにできる地層と地層の重なり方。平行に積み重なった地層が形成される。♣4

② (⑰   )…地層と地層の堆積の間に**時間の隔たりがあり，不連続に堆積した**地層の重なり方。このとき，不連続な地層の境界面を (⑱   ) という。

・(⑲   )…不整合面の上下の地層が**平行**なもの。
・(⑳   )…不整合面の上下の地層が**斜めに接する**もの。

③ 不整合面の上には，新たに堆積した礫岩がよくみられる。これを**基底礫岩**という。

♣4 地層の重なりが傾斜していても，連続して堆積した地層なら，整合となる。傾斜した地層の上に水平な層が重なっている場合が傾斜不整合である。

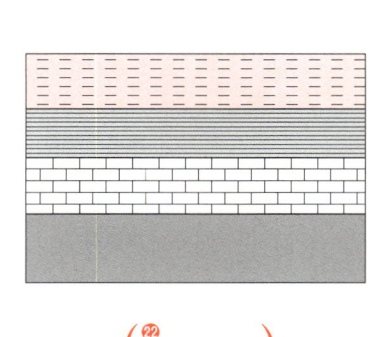

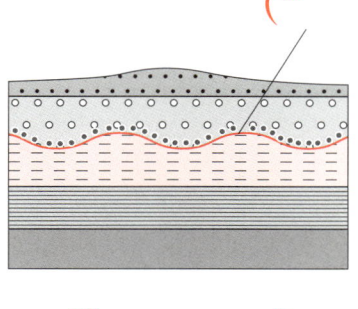

(㉑   )

基底礫岩

(㉒   )　(㉓   )　(㉔   )

↑ 整合と不整合

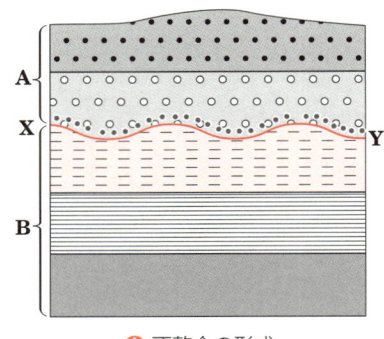

4 不整合の形成

① B層が海底で(㉕　　　　)する。

② B層が地殻変動によって(㉖　　　　)したり，海水面の低下によって陸化したりして，**侵食**される。B層が海底で侵食されることもある。 → p.34

③ B層が再び(㉗　　　　)して海底となり，上にA層が堆積する。沈降せずに陸上でB層の上にA層が堆積することもある。

④ A層とB層は**不整合**の関係となる。このとき，X－Y面が(㉘　　　　)となる。

↑ 不整合の形成

> **重要**
> 〔整合と不整合〕
> **整合**…時間の隔たりがなく，連続して地層が堆積した構造。
> **不整合**…時間の隔たりがあり，不連続に地層が堆積した構造。
> 　地殻変動や海水面の変動の手がかりとなる。

❷ 地層の調査　発展

1 走向と傾斜

① (㉙　　　　)…層理面と水平面の交線の方角。

② (㉚　　　　)…層理面と水平面とがなす角度。

2 地層調査に用いる器具

① (㉛　　　　)…地層の**走向**と**傾斜**を測定するための器具。

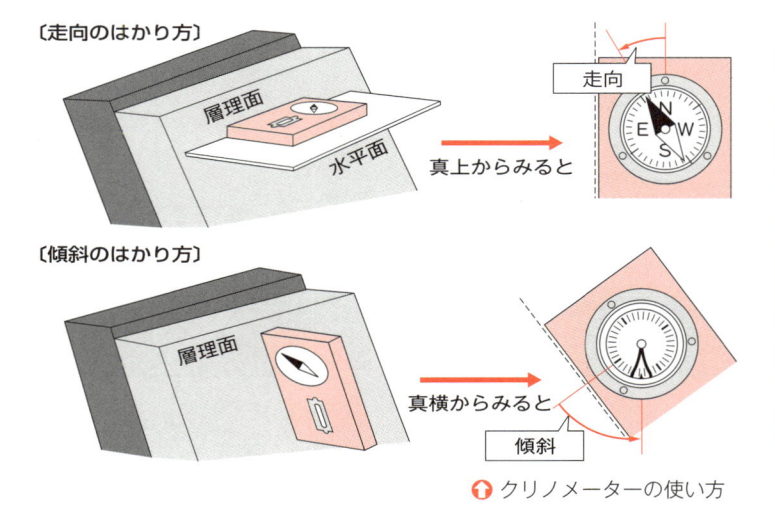

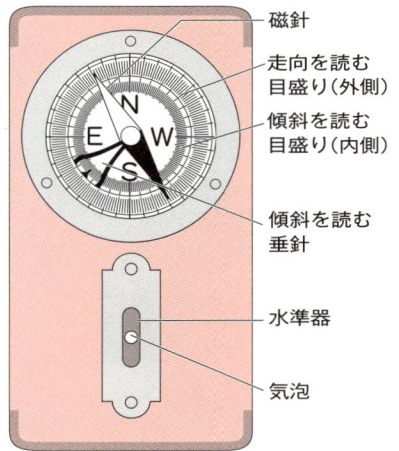

↑ クリノメーターの使い方

❸ 地質構造

1 褶曲——地層に横から**圧縮する力**が加わり、地層が波打って折れ曲がった地質構造を(㉜　　　)という。**地層に加わる力の方向は、褶曲と垂直な方向**である。

① (㉝　　　)…褶曲のなかで**山状**に盛り上がった部分。
② (㉞　　　)…褶曲のなかで**谷状**にくぼんだ部分。
③ (㉟　　　)…褶曲で**最も曲がり方が大きい部分**を結んだ直線。
　↳1本とは限らない
④ 強い褶曲では、**地層の逆転**がみられることがある。

♣5 褶曲軸のうち、背斜にあるものを**背斜軸**、向斜にあるものを**向斜軸**という。

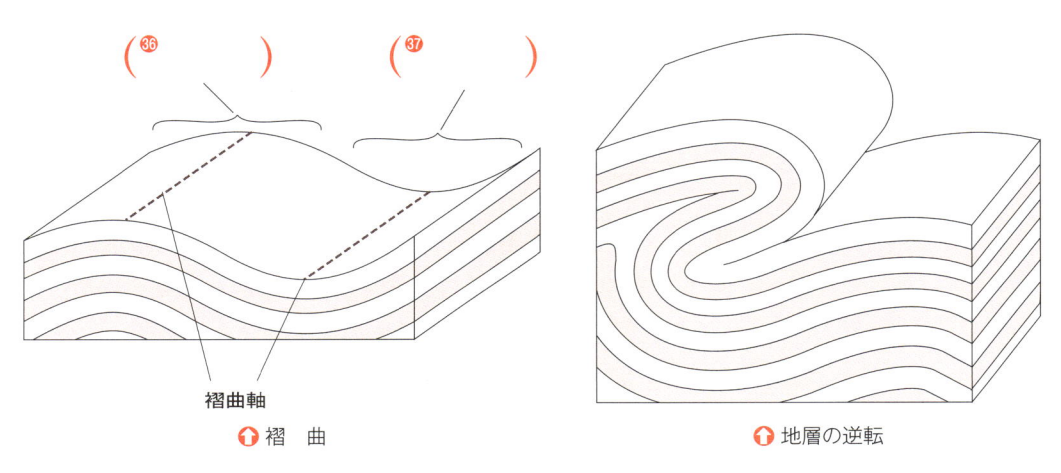

(㊱　　　)　(㊲　　　)

褶曲軸

↑ 褶　曲　　　　　　　　　　↑ 地層の逆転

2 露頭でみられる断層——正断層、逆断層、横ずれ断層が複雑に組
　↳地層が露出している場所を露頭という
み合わさっていることが多く、**断層面に沿って岩石が破壊され、岩片や粘土からなる**(㊳　　　)を生じることが多い。
　　　　　　　　　↳断層破砕帯ともいう

♣6 断層は地震により発生することが多い(→p.19)。

重要
〔地質構造〕
褶曲…**横からの圧縮の力**により形成。
　　　地層の逆転が起こることがある。
断層…**正断層・逆断層・横ずれ断層**がある。
　　　岩石が破壊された破砕帯をともなう。

ミニテスト　　　　　　　　　　　　　　　解答 別冊 p.4

□❶ 地層の逆転がない場合、下の地層ほど古く、上の地層ほど新しい。この法則を何というか。
□❷ 地層の上面に、流水や風の方向が模様として残ったものを何というか。
□❸ 1枚の地層において、下のほうから上のほうにいくにしたがって、粒子が細かくなっている構造を何というか。
□❹ 地層の堆積の間に時間の隔たりがあり、不連続に堆積した地層の重なり方を何というか。

3 変成作用と変成岩

解答 別冊 p.4

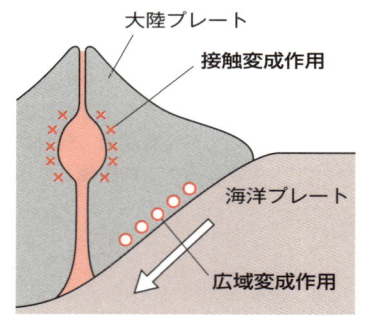

① 変成作用

1 変成作用とその原因

① (❶　　　　作用)…火成岩や堆積岩が，高い圧力や高い温度のもとにおかれたとき，岩石中の**化学組成**が変化したり，岩石中の**鉱物**が再結晶したりして他の鉱物に変わり，異なる岩石に変わる作用。**広域変成作用**と**接触変成作用**がある。

② (❷　　　　)…変成作用を受けた岩石。

③ **変成作用**は，地殻変動による**温度，圧力条件**の変化によって起こる。

↑ 広域変成作用と接触変成作用

2 (❸　　　　作用)──数十〜数百 km にわたる広い地域の岩石が，地下で**高温高圧の環境**におかれることで起こる変成作用。

① プレートが (❹　　　　) 境界の地下で起こりやすい。　→温度・圧力が高い

② 広域変成作用によりできる変成岩を (❺　　　　) といい，次のようなものがある。

・(❻　　　　)…細粒で，**板状**にはがれやすい。 ♣1

・(❼　　　　)…結晶片岩よりもさらに変成がすすんだ岩石。白っぽい部分と黒っぽい部分の**太い縞模様**をもち，はがれにくい。

♣1 広域変成作用では長い期間にわたって一定の方向に強い力がはたらくため，**鉱物が同じ方向に規則的に配列し，はがれやすい構造**となる。このような構造を**片理**という。

> **重要** 広域変成作用…広い地域で，高温高圧の条件下で起こる変成作用

3 (❽　　　　作用)──高温の**マグマが貫入**したとき，周囲の岩石に**熱**を及ぼすことで起こる変成作用。

① 接触変成作用によりできる変成岩を (❾　　　　) といい，次のようなものがある。

・石灰岩→(❿　　　　)(**大理石**)

・砂岩・泥岩→(⓫　　　　)(**固く緻密な岩石**) ♣2

♣2 **黒雲母**を多く含む岩石である。

> **重要** 接触変成作用…マグマの貫入の熱により起こる変成作用

❷ 岩石の循環

① 岩石の循環——地球表層を構成する岩石は、**火成岩・堆積岩・**
(⑫　　　　)に分類される。これらの岩石は、姿を変えて循環している。これを**岩石サイクル**とよぶ。
① 岩石が**風化**し、**水のはたらき**を受けて(⑬　　　　)となる。
② 堆積岩や火成岩が(⑭　　　**作用**)を受けて、**変成岩**となる。
③ 変成岩が地下深くに沈み込み、**マグマ**となる。さらにマグマが固まって(⑮　　　　)となる。

❸ 変成作用と温度・圧力

① ダイヤモンドと石墨（せきぼく）

① ダイヤモンドと石墨（グラファイト）の化学組成は同じ炭素（C）だが、結晶構造が違うため性質は大きく異なる。このような関係を(⑯　　　　)という。
  ↳黒鉛ともいう　　　　↳漢字に注意すること

② **高い圧力**のもとで変成を受けると**ダイヤモンド**、**低い圧力**のもとで変成を受けると**石墨**となる。

② 藍晶石（らんしょう）・紅柱石（こうちゅう）・珪線石（けいせん）

① **藍晶石・紅柱石・珪線石**は、化学組成は Al_2SiO_5 で同じだが、形成されたときの温度・圧力条件によって結晶構造が異なる**多形**の関係にある。♣3

② 変成岩は変成を受けたときの温度と圧力によって結晶構造が決まるので、変成岩に含まれる多形の鉱物を観察することによって、**変成岩が形成された当時の温度・圧力条件を推定できる**。♣4

ダイヤモンド
・透明でかたい
・電気を通さない

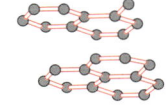

石墨
・不透明でもろい
・電気を通す

↑ ダイヤモンドと石墨の結晶構造

♣3
高圧では藍晶石、高温では珪線石、比較的低圧で低温では紅柱石となる。

♣4
多形ではないが、ナトリウム長石は、高圧では石英とひすい輝石に変化する。そのため、多形と同じように形成時の条件を推定できる。

> **重要**　〔多形〕
> **多形**…化学組成が同じで、結晶構造が異なる鉱物の関係。
> ダイヤモンドと石墨など。
> ⇒ { **ダイヤモンド**…高い圧力で変成を受けた。
> 　　**石墨**…低い圧力で変成を受けた。

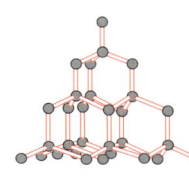

ミニテスト　　　　　　　　　　　　　　　　　　　　　　　解答 別冊 p.4

□❶ 結晶片岩は、どのような変成作用によってできる変成岩か。

□❷ 石灰岩が接触変成作用を受けると、何という変成岩になるか。

4 地質時代と化石

解答 別冊 p.4

❶ 地質時代区分

1 地質時代——地殻ができてから現在までを、地質学的な根拠によって区分したものを、（ ① 　　　　　）という。

2 地質時代の区分

① （ ② 　　　　　）…5億4100万年前から現在までの時代。固い骨格をもつ多細胞生物が多数出現した時期を境界としている。②以前の時代を（ ③ 　　　　　）または**隠生代（隠生累代）**という。
→多くの細胞が集まってできた生物

② 顕生代（顕生累代）の区分は、**生物の出現、絶滅の時期**で決める。
化石から推定する

♣1　おもに岩石の年代、地層の層序（→p.36）、生物の変遷など。**地質時代**は、一般に記録が残されているより前で、これらの証拠が重要な手がかりとなる時代をさす。

時代区分			年代〔年前〕	おもなできごと	大きく繁栄した生物	
顕生代（顕生累代）	新生代	第四紀		人類の出現	被子植物	哺乳類
		❹	260万			
		古第三紀	2300万	哺乳類の発展		
	中生代	白亜紀	6600万	被子植物の発展、恐竜の絶滅	裸子植物	爬虫類
		❺	1億4500万	鳥類の出現、恐竜の繁栄		
		三畳紀（トリアス紀）	2億100万	原始的な哺乳類の出現		
	古生代	ペルム紀（二畳紀）	2億5200万	三葉虫の絶滅	シダ植物	両生類
		❻	2億9900万	シダ植物の繁栄		
		デボン紀	3億5900万	脊椎動物が陸上に進出		魚類
		❼	4億1900万	植物が陸上に進出		
		オルドビス紀	4億4300万		菌類・藻類	無脊椎動物
		❽	4億8500万	最古の脊椎動物の繁栄		
先カンブリア時代	原生代		5億4100万	多細胞生物の出現	真核生物	
	太古代（始生代）		25億	生命の誕生	原核生物	
	冥王代		40億		（無生物）	
			46億			

🔴 地質時代の区分　〔国際年代層序表による〕

例題研究　地球の歴史

地球の誕生から現在までの約46億年間を，紙テープを用い，現在を0cm（紙テープの先端）として表すと，紙テープの長さは4m60cmとなった。このとき，新生代の始まり，中生代の始まり，古生代の始まりは，テープの先端から何cmのところとなるか。小数第1位を四捨五入して整数で答えよ。

▶解き方　46億年を460cmの紙テープで表しているので，紙テープの長さ1cmが，地球の歴史1000万年に対応する。

新生代の始まりは6600万年前なので，先端から（⑨　　　）cmのところ。
中生代の始まりは2億5200万年前なので，先端から（⑩　　　）cmのところ。
古生代の始まりは5億4100万年前なので，先端から（⑪　　　）cmのところ。
小数第1位をそれぞれ四捨五入して，7cm，25cm，54cmのところとなる。…答

❷ 化　石

1 化石

① 地質時代に生きていた生物を**古生物**という。
② 古生物が生息していたことを示すものを（⑫　　　）とよぶ。
③ 地層や岩石に残った**古生物の体全体や体の一部，足跡，巣穴，ふんなど，生物が生息していた証拠**となるものはすべて化石である。

♣2　生物が生息できる環境は，同時に地層や堆積岩ができやすい環境でもあるので，ほとんどの**化石が地層や堆積岩中**で発見される。

2 示相化石

① （⑬　　　）…生物が生息した当時の環境を**推定**することができる化石。
② ある特定の環境下に生息する生物の化石が適しており，**生物が生活していた場所で化石になったもの**でなければならない。
③ 主な示相化石
　・温帯から亜熱帯の暖かく浅い（⑭　　　）…**造礁サンゴ**
　・淡水と海水が混じる河口…二枚貝の**アサリ，シジミ**
　　↳汽水域という
　・熱帯〜亜熱帯の河口（マングローブ海岸）…巻貝の**ビカリア**

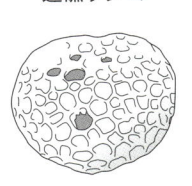

造礁サンゴ　　ビカリア　　アサリ

↑おもな示相化石

重要　**示相化石**…生物が生息していた当時の環境を推定できる化石。
造礁サンゴ，アサリ，シジミ，ビカリアなど。

筆石（古生代）
フズリナ（古生代）
アンモナイト（中生代）
トリゴニア（中生代）
カヘイ石（新生代）
メタセコイア（新生代）

↑ おもな示準化石

♣3 アンモナイトのなかには，古生代の終わり頃に生きていた種や新生代の初め頃まで生き残っていた種もある。

♣4 プランクトン類やアンモナイト，三葉虫類のように進化によって時代ごとにすがたを変えた生物では，その進化のようすを調べることにより，より細かい年代を推定できる。

♣5 火山灰が積もった層を火山灰層とよび，火山灰が圧縮され岩石となった層が凝灰岩層である。火山灰層も鍵層として有効である。

3 示準化石（標準化石）

① （⑮　　　　　）（標準化石）…地層の年代を推定したり，離れた地域の地層の時代を比較したりするのに役立つ化石。　→次の「地層の対比と鍵層」を参照

② 示準化石の条件は，**生物の進化の速度が速く**，その種の**生存期間が**（⑯　　　　　）ことである。また，個体数が（⑰　　　　　），分布する範囲が（⑱　　　　　）生物がとくに適している。

③ おもな示準化石
- （⑲　　　　代）…筆石，三葉虫，フズリナ（紡錘虫），クサリサンゴ
- （⑳　　　　代）…アンモナイト，トリゴニア（三角貝），イノセラムス，恐竜，モノチス
- （㉑　　　　代）…ビカリア，カヘイ石（ヌンムリテス），メタセコイア，マンモス
- 進化のスピードが速く世界中に分布するプランクトン類も，示準化石として用いられる。

④ ビカリアのように，**示相化石**としても，**示準化石**としても使われる化石もある。

> **重要** 示準化石…生物が生息していた**年代**を推定できる化石。

❸ 地層の対比と鍵層

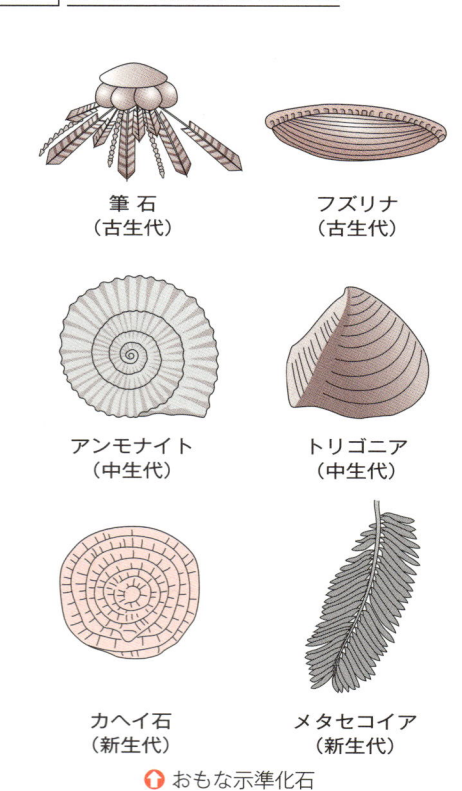

1 地層の対比——離れた地域の露頭を比較して，地層の形成時期を比較することを，（㉒　　　　　）という。日本とヨーロッパなど，かなり離れた地域の地層も比較することができる。

2 鍵層——（㉓　　　化石）を含む地層や，火山の同時期の噴火の証拠となる（㉔　　　　層）は，地層の対比に有効である。このように，地層の対比に役立つ地層を（㉕　　　　　）という。㉕は，過去の同時代の地層と考えることができる。

> **重要** 鍵層…地層の対比に有効な地層。
> 示準化石を含む地層や凝灰岩層など。

❹ 放射性年代

1 放射性同位体

① **同位体**…原子には**原子番号が同じで質量数が異なる**ものがある。これを**同位体**という。♣6

② 同位体は**元素名や元素記号と質量数の組み合わせ**で示す。

　例　質量数16の酸素原子…酸素16，^{16}O

③ **放射性同位体**…一定の割合で**壊変（崩壊）**して，別の原子に変化する同位体。岩石や鉱物中にも含まれている。それ以上壊変しない同位体のことを，**安定同位体**という。

④ (㉖　　　　)…はじめに存在していた放射性同位体の**原子の総数が，半分になるまでの時間**。㉖はそれぞれの放射性同位体によって決まっており，温度や圧力の条件に左右されない。

♣6 たとえば炭素では，質量数が8から22まで15種類の同位体が確認されている。これらの**化学的性質はまったく同じ**で，区別なく化学変化する。

2 年代の測定

① ある岩石中に含まれる放射性同位体と，その崩壊によってできた**同位体の比率**を調べることによって，その岩石ができた年代を知ることができる。♣7 このように，同位体の比率をもとにして調べた年代を(㉗　　　　　　)という。

② 放射性同位体 ^{14}C（炭素14）は，**半減期**が5700年である。化石中に固定された ^{14}C は，5700年ごとに半分に減ることになる。たとえば，化石中に固定された ^{14}C が，**はじめのちょうど** $\frac{1}{4}$ **になっていれば，半減期を2回経た**ことになる。よって，次のように推定できる。

　5700年/回 × (㉘　　　)回 = (㉙　　　　)年

♣7 年代の測定に用いられる放射性同位体には，^{238}U（ウラン238），^{235}U（ウラン235），^{232}Th（トリウム232），^{40}K（カリウム40），^{87}Rb（ルビジウム87），^{14}C（炭素14）などがある。

> **重要** **放射性年代**…岩石や化石中の放射性同位体の比率を調べることで推定される年代

ミニテスト　　　　　　　　　　　　　　　　　　　解答 別冊 p.4

☐❶ 現在から5億4100万年以上前の時代を何とよぶか。

☐❷ 5億4100万年前から現在までの時代を何とよぶか。

☐❸ 生物の出現や絶滅を境界とする時代区分を何時代とよぶか。

☐❹ 生物が生息していた時代を推定する手がかりとなる化石を何というか。

☐❺ 恐竜，モノチスは，新生代，中生代，古生代のうち，どの時代の地層から発見される化石か。

☐❻ 鍵層として用いられる地層のうち，火山の噴火によってつくられた岩石の層を何というか。

3章 地球の歴史　練習問題

解答　別冊p.10

❶ 〈堆積岩〉
▶わからないとき→p.34〜35

堆積岩とそのでき方について，次の問いに答えよ。

(1) 地表付近の岩石が雨水や地下水と反応するなど，水のはたらきによってすすむ風化を何というか。

(2) 河川（流水）の3つの作用をすべて答えよ。

(3) 堆積物が長い時間をかけて圧縮され，脱水し固結して堆積岩となる作用を何というか。

(4) 礫岩，泥岩，砂岩を粒子の直径が大きい順に並べよ。

(5) $CaCO_3$ を主成分とする堆積岩を答えよ。

(6) SiO_2 を主成分とする堆積岩を答えよ。

(7) (5)，(6)の岩石は，もとになった堆積物によって，2種類に分類される。何という分類か，2つとも答えよ。

ヒント
(2) 河川（流水）が周囲の土砂にどのようにはたらくかを考える。
(7) 主成分が何に含まれていたものかを考える。

❶
(1) _____
(2) _____
_____
_____
(3) _____
(4) ___ > ___ > ___
(5) _____
(6) _____
(7) _____

❷ 〈地層〉
▶わからないとき→p.36〜39

次の問いに最も適当な答えを，ア〜ウからそれぞれ選んで答えよ。

(1) 地層累重の法則があてはまるのはどのような場合か。
  ア　地層の逆転が起こっている場合。
  イ　地層が変形している場合。
  ウ　地層の変形も逆転も起こっていない場合。

(2) 層理面（地層面）に斜交する縞模様を何というか。
  ア　リプルマーク　イ　クロスラミナ　ウ　ソールマーク

(3) 級化層理（級化構造，級化成層）とは，どのような構造か。
  ア　上の地層では下の地層よりも粒子が小さい構造。
  イ　1枚の地層の中で，上の部分の粒子のほうが下の部分の粒子よりも小さい構造。
  ウ　1枚の地層の中で，粒子の大きさが一定である構造。

(4) 不整合と最も関係が深いできごとはどれか。
  ア　海底で堆積した層が隆起して，陸上で侵食された。
  イ　海底で堆積した層から，大量の貝類の化石がみつかった。
  ウ　陸上で堆積した層の中に，火山灰の層がみつかった。

(5) 褶曲構造のうち，山型に盛り上がった部分を何というか。
  ア　向斜　イ　破砕帯　ウ　背斜

ヒント
(3) 地層どうしの関係ではなく，1枚の地層の中についての構造である。
(4) 不整合は，地層の堆積に時間的な隔たりがあった場合に形成される。
(5) 断層でみられる構造と区別する。

❷
(1) _____
(2) _____
(3) _____
(4) _____
(5) _____

❸ 〈変成作用と変成岩〉 ▶わからないとき→p.40〜41

次の文を読み，あとの問いに答えよ。

変成作用には2種類あり，①広い地域の岩石が地下で高温高圧のもとに置かれることで起こる変成作用を（ a ），②高温のマグマが貫入して起こる，熱による変成作用を（ b ）という。

(1) 上の文の空欄 a，b に入る適当な語句をそれぞれ答えよ。

(2) 日本列島では下線部①による変成岩が多くみられるが，その理由として適当なものを次のア〜ウから選べ。
　ア　日本列島はプレートが拡大する境界付近に位置しているため。
　イ　日本列島はプレートが沈み込む境界付近に位置しているため。
　ウ　日本列島はプレートが水平にすれ違う境界付近に位置しているため。

(3) 下線部①のような変成作用によってできる岩石として誤っているものを，次のア〜ウから選べ。
　ア　片麻岩
　イ　結晶片岩
　ウ　結晶質石灰岩

(4) 下線部②のような変成作用によってできる岩石と，その特徴の組み合わせとして正しいものを，次のア〜ウから選べ。
　ア　ホルンフェルスは砂岩・泥岩が変成を受けた，固く緻密な岩石である。
　イ　結晶片岩は，細粒で板状にはがれやすい岩石である。
　ウ　結晶質石灰岩は，片麻岩が変成を受けた太い縞模様をもつ岩石である。

ヒント
(2) 岩石が高温，高圧の条件のもとに置かれる場所を考える。
(3)(4) まず，どちらの変成作用によってできる岩石なのかを判別する。

❸
(1) a _____
    b _____
(2) _____
(3) _____
(4) _____

❹ 〈地質時代と化石〉 ▶わからないとき→p.42〜45

次の文が正しければ○，誤っていれば×で答えよ。

(1) 地質時代のうち，5億4100万年前から現在までの時代を先カンブリア時代（隠生累代）とよぶ。
(2) 中生代は，白亜紀，オルドビス紀，三畳紀（トリアス紀）に分けられる。
(3) 現在は新生代の第四紀である。
(4) 造礁サンゴ，シジミ，ビカリアの化石は示相化石として有効である。
(5) 三葉虫，フズリナ（紡錘虫），アンモナイトの化石は，中生代の示準化石（標準化石）である。
(6) 海洋で産出する化石のみが示準化石として用いられる。
(7) 示準化石を含む地層は鍵層として有効であるが，示相化石を含んでいても鍵層として有効とは限らない。
(8) 示準化石としても，示相化石としても用いられる化石が存在する。

ヒント
(3) 新生代の最も新しい時代が現在である。
(6) 示準化石であるものの例を考える。
(7) 鍵層となるのは，同じ時期に形成された地層であると特定される層であることから考える。

❹
(1) _____
(2) _____
(3) _____
(4) _____
(5) _____
(6) _____
(7) _____
(8) _____

4章 生物の変遷

1 生命の誕生

解答 別冊 p.4

❶ 地球の誕生

1 地球大気の誕生

① (❶　　　　　)…地球が誕生した**約46億年前**から地球最古の岩石が形成された**約40億年前**までの6億年間。生命はいなかった。
　※ギリシャ神話の冥界の王から名づけられた

② **大気の形成**…原始地球に**微惑星が衝突**し，微惑星に含まれる気体が放出されて，(❷　　　　　)を形成した。❷は，おもに**水蒸気**と(❸　　　　　)からなる。

♣1
46億年前から5億4100万年前までを**先カンブリア時代**(隠生代，隠生累代)とよび，**冥王代**(46〜40億年前) **太古代**(始生代)(40〜25億年前) **原生代**(25億〜5億4100万年前)に分けられる。

> **重要**
> 〔大気の形成〕
> **原始大気**…微惑星の原始地球への衝突により形成。おもに水蒸気と二酸化炭素からなる。

2 地球の層構造の形成

① 微惑星の原始地球への衝突によるエネルギーにより熱が発生し，**地球表面の温度は上昇した**。

② **温室効果**により地球表面の温度が高温に保たれ，地球表面の岩石がとけてマグマとなった。この**マグマが海のように地球をおおっている状態**を(❹　　　　　)という。

③ マグマオーシャンの中の密度が大きい金属成分は落下して地球の中心部にたまった。これにより，地球の中心部には**鉄・ニッケル**からなる(❺　　　　　)，その周りには**岩石**からなる(❻　　　　　)が形成された。
　→元素記号 Ni
　→元素記号 Fe
　p.8

♣2
二酸化炭素や水蒸気は，地表からの熱の放射を吸収するはたらきがあり，地球表層をあたためる。このようなはたらきを温室効果といい，二酸化炭素の濃度が上昇すると温室効果により気温が上昇する(→p.77)。

> **重要**
> 〔地球の層構造の形成〕
> **マグマオーシャンの形成**
> 　→密度の大きい成分が地球の中心部に集まる
> 　→中心部に**核**，その周囲に**マントル**の形成

4章 生物の変遷 | 49

3 地殻と海洋の形成——次のようなモデルが考えられている。
① 原始地球への微惑星の衝突が減ると，地球の表面や原始大気の温度が下がった。
② 地球表面の温度が下がると，**マグマオーシャンは冷えて固まり**，(❼　　　)が形成された。大気中の(❽　　　)は凝結し雨となって地表に降り，(❾　　　)が誕生した。♣3
③ 原始海洋が原始大気中の(❿　　　　　　)を吸収し，大気中から❿は減少していった。

重要 〔原始海洋の形成〕
地球表面の温度の低下→大気中の水蒸気が凝結し降水
→原始海洋の形成→大気中の二酸化炭素の減少

♣3
地表が高温の状態では水は水蒸気となるので，海洋は形成されなかった。

❷ 生命の誕生

1 地球最古の岩石
① (⓫　　　)…約40億年前から約25億年前までの時代。
② **地球最古の岩石**…約43億年前のものとみられる火成岩や，約40億年前のものとみられる変成岩がカナダで発見されている。
③ グリーンランド南部に見られる38億年前の(⓬　　 溶岩)は，この時代に海洋が存在していたことの証拠である。♣4

重要 〔地球最古の岩石〕
太古代（始生代）…約40億年前から約25億年前
枕状溶岩（約38億年前）…海洋が存在していたことの証拠

♣4
溶岩が海底で冷やされてできた火成岩を**枕状溶岩**といい，海洋が存在していたことの証拠となる。

↑ 枕状溶岩

2 地球最古の生命
① (⓭　　　)…生命のからだを作る**タンパク質**の材料となる物質。プレート境界の**海嶺**付近に多くみられる**熱水噴出孔**でつくられた可能性が指摘されている。♣5
② 化学的な証拠から，生命の誕生は**およそ38億年前**と考えられている。この頃の大気や海洋には(⓮　　　)がほとんど含まれておらず，最初の生物は⓮を使った呼吸をしていなかった。
③ (⓯　　 層)が形成されていなかったので，初期の生命は有害な**紫外線**が届きにくい水中で生息していたと考えられている。

♣5
熱水噴出孔では，海底から**硫化水素**，メタン，水素を含む熱水が噴出している。これらの物質から高温・高圧の条件の下で**アミノ酸**がつくられたと考えられている。

3 光合成をおこなう生物の出現

① 生物としての姿をとどめた最古の化石は，西オーストラリアの約（⑯　　　）億年前のチャート層から発見されており，現在の微生物とよく似た形態をもつ。

♣6 ただし，これが本当に化石なのかについては議論されている。

↳ フィラメント状の化石

② (⑰　　　)…太陽光を使って有機物を合成すること。合成された有機物を分解してエネルギーを取り出すことができる。初期の生物は⑰をおこなう際に酸素を発生させていなかった。

③ 約27億年前に出現した原核生物の（⑱　　　　　　　）（ラン藻類）は，効率の良い酸素発生型の光合成をおこなった。

④ シアノバクテリアなどの生物は（⑲　　　　　　）というドーム状の構造を形成した。

↑ ストロマトライト

♣7 シアノバクテリアの活動により $CaCO_3$ などが固定されて形成されたもので，現在，オーストラリアや南アフリカなどの浅い海でみられる。

重要
〔地球最古の生命〕
地球最古の生命…形態を残したものは35億年前
ストロマトライト…シアノバクテリアが形成

❸ さまざまな生物の誕生

1 酸素の発生による変化

① 約25億年前から約5億4100万年前までの時代を（⑳　　　　　　）という。

② シアノバクテリアの光合成によって海水，大気中の（㉑　　　　）濃度が急激に上昇した。

③ (㉒　　　　　　)…全地球凍結やスノーボール・アースともいう。地球の平均気温が-40〜-50℃と極端に寒冷化し，**地球全体が氷におおわれた状態**。約23〜22億年前，約7.5〜6億年前に起こり，その後に大気中の酸素濃度が上昇した。

④ (㉓　　　　　　)…海水中にとけていた**鉄イオンが酸素と結合して海底に堆積**したもの。現在私たちが利用する鉄の大部分は，この地層から採掘されている。

↑ 縞状鉄鉱層

酸化鉄になった

♣8 西オーストラリア，カナダの大規模な**鉄鉱床**が代表的な例。

重要
〔海水・大気中の酸素濃度の上昇〕
光合成によるもの。縞状鉄鉱層が形成された。

4章 生物の変遷 | 51

2 真核生物の出現と発展

① 約 23〜22 億年前の全球凍結後，地球は温暖化し，**酸素が豊富な環境**となった。このような環境のもとで新しい生物が出現した。

② (㉔　　　　　)…細胞の中に核をもつ生物。原核生物どうしの共生により出現したと考えられている♣9。約 19 億年前の縞状鉄鉱層から最古の㉔の化石が発見された。

③ 原生代中期の海洋では(㉕　　　類)が繁栄し，約 15 億年前には多細胞の㉕が出現した。

④ (㉖　　　　　生物群)…約 6 億年前の全球凍結後(約 5.7〜5.5 億年前)に出現した，かたい組織をもたない無脊椎動物群。

♣9 ある独立した**原核生物**の中に異なる原核生物が入り込んで共生し，**真核生物**が生まれたと考えられている。さらに，発生した真核生物に光合成を行うシアノバクテリアが入り込み共生し，葉緑体をもつ植物細胞が形成されたと考えられている。

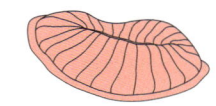

> **重要**
> 〔真核生物〕
> 原核生物の共生により真核生物が出現。最古の化石は 19 億年前
> エディアカラ生物群…約 5.7〜5.5 億年前に出現したかたい組織をもたない無脊椎動物群

❹ 全球凍結の原因と生物　発展

1 全球凍結の原因——全球凍結の原因にはいくつかの説がある。そのうちの 1 つは次のようなものである。

① 大陸をおおう氷河がある程度広がると，太陽放射を反射し気温が上がらなくなり，氷河が拡大し地球全体をおおった。

② 何らかの原因で大気中の(㉗　　　　　)濃度が減少し，(㉘　　　効果)が弱まったことが原因と考えられている。

2 全球凍結と生物——全球凍結によって，海中に(㉙　　　)が届かなくなり，多くの生物が死滅したと考えられている。全球凍結という地球環境の大きな変化と生物の**進化**の関係が注目されている。

ディッキンソニア

スプリギナ

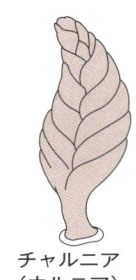

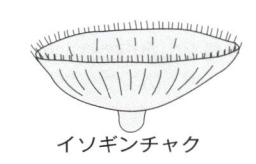

チャルニア（カルニア）

イソギンチャク

↑ エディアカラ生物群

ミニテスト　　　　　　　　　　　　　　　　解答 別冊 p.4

□❶ 原始大気を構成していた成分は，おもに何と何か。

□❷ 原始大気は，原始地球に何が衝突することによって形成されたか。

□❸ マグマが海のように地球を覆っている状態を何というか。

□❹ 38 億年前に海洋が存在していたことの証拠となる岩石を，何というか。

□❺ 酸素発生型の光合成を行った地球最古の生物を何というか。

□❻ 約 5.7 億年前に出現した，かたい組織をもたない無脊椎動物群を何というか。

2 生物の進化

解答 別冊p.4

① 古生代の生物

1 顕生代(顕生累代)の時代区分

① 5億4100万年前から現在までの時代を，(❶　　　　　)という。

② 顕生代(顕生累代)は，産出した化石の記録をもとに，大きく古い順に
(❷　　　　　)→(❸　　　　　)→(❹　　　　　)という3つの時代に分けられる。

2 古生代——5億4100万年前から2億5200万年前まで。

古生代								
カンブリア紀	❺		シルル紀	❻		石炭紀	❼	(二畳紀)
485		443		419		359	299	(×100万年前)

↑ 古生代

① 古い順に，カンブリア紀→❺→シルル紀→❻→石炭紀→❼(二畳紀)と分けられる。

> **重要**
> 〔古生代〕
> 古い順に，カンブリア紀→オルドビス紀→シルル紀→デボン紀→石炭紀→ペルム紀(二畳紀)

3 古生代の海の生物

① カンブリア紀…温暖な気候で海中の**酸素濃度が上昇**したために，酸素を利用する運動能力の高い生物が出現した。また，多数・多種類の生物が爆発的に出現した。♣1

・この時代の代表的な動物は**節足動物**である。とくに，**示準化石**(標準化石)として用いられる(❽　　　　　)は広く繁栄した。ほかにも**二枚貝類・腕足類・頭足類**などの**無脊椎動物**が繁栄した。

・カンブリア紀前期の**澄江動物群**，カンブリア紀中期の**バージェス動物群**が有名である。
　↳中国で発見　　　　　　　　　　↳カナダで発見

② オルドビス紀…**筆石**，サンゴが出現した。♣2

③ デボン紀…カンブリア紀に出現した(❾　　　)類が繁栄した。♣3

④ 石炭紀～ペルム紀(二畳紀)…(❿　　　　　)(**紡錘虫**)・古生代型サンゴ・腕足類などが繁栄した。

♣1 カンブリア紀には多種，多様な生物が突然出現し，これを，**カンブリア紀の爆発**と呼ぶこともある。脊椎動物の先祖もこのときに出現した。

♣2 オルドビス紀のことを**筆石時代**ということもある。

♣3 デボン紀のことを**魚類時代**ということもある。

(⑪   )   (⑫   )   クサリサンゴ   腕足類

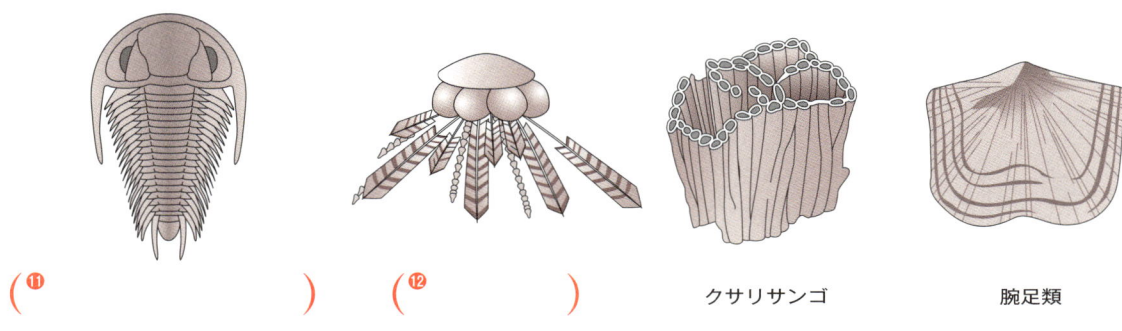

↑ 古生代前半のおもな生物

> **重要** 〔古生代の海の生物〕
> **カンブリア紀**…三葉虫(さんようちゅう)の出現
> **オルドビス紀**…筆石(ふでいし), サンゴの出現
> **デボン紀**…魚類の繁栄
> **石炭紀～ペルム紀(二畳紀)**…フズリナ(紡錘虫(ぼうすいちゅう)), 古生代型サンゴの繁栄

4 陸上生物の出現

① **オゾン層の形成**…光合成により大気中の酸素が増加し, 約4億年前には上空に(⑬   )が形成され, **生物に有害な紫外線を吸収する**ようになった。陸上は, 生物が生息しやすい環境となった。

♣4 大気中の酸素(O_2)が増加すると, 上層では紫外線のはたらきによってオゾン(O_3)がつくられ, やがてオゾン層となった。

② **シルル紀**…コケなどを除く**最初の陸上生物**(⑭   )やリニアなど, シダ植物の祖先にあたる**リニア類**が出現。

③ **デボン紀**…最初の両生類である(⑮   )が出現し, 上陸した。デボン紀中頃には**シダ植物が大型化**した。

(⑯   )   リニア   (⑰   )

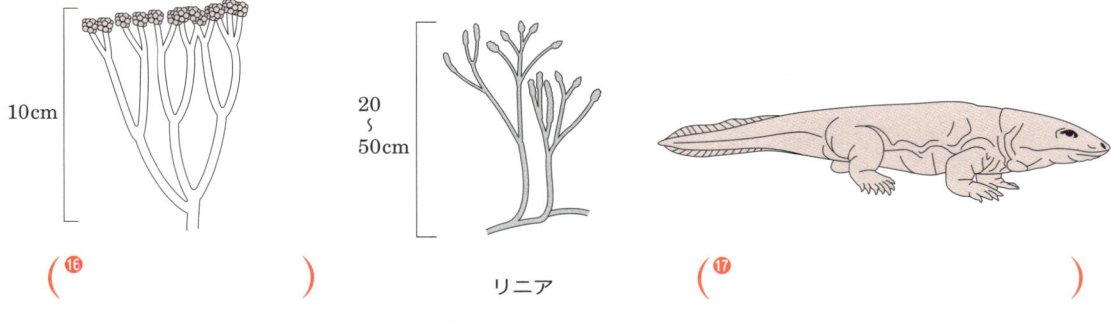

↑ 古生代前期の陸上生物

④ **石炭紀**…シダ植物のロボク・(⑱   )・フウインボク(封印木)などが繁栄。これらの植物の遺骸は, 現在採掘されている(⑲   )のもととなった。

ロボク　1m

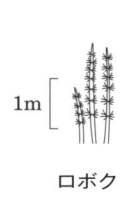

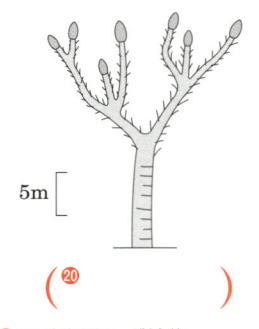

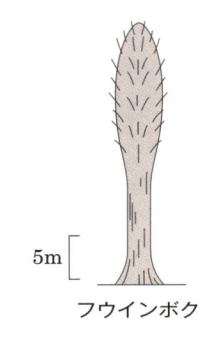

(⑳ 　　　) 5m
↑石炭紀のシダ植物

フウインボク 5m

⑤ **ペルム紀（二畳紀）**…大型の昆虫・**爬虫類**・**裸子植物**の繁栄。プレートの運動により主要な大陸が衝突して合体，(㉑ 　　　) という**超大陸**が形成された。また，ペルム紀末の急激な環境の変化により多くの生物が**絶滅**した。
♣5　→ p.58

♣5 パンゲアは中生代の白亜紀末に分裂し，現在の大西洋ができたと考えられている。

> **重要**　〔古生代の陸上生物〕
> **シルル紀**…クックソニア（最初の陸上生物），リニア
> **デボン紀**…イクチオステガ（最初の両生類）
> **石炭紀**…ロボク・リンボク・フウインボク（封印木）の繁栄
> **ペルム紀（二畳紀）**…爬虫類・裸子植物の繁栄

❷ 中生代の生物

1 中生代──2億5200万年前から6600万年前まで。

㉒	中生代		㉓
（トリアス紀）	ジュラ紀		
201		145	（×100万年前）

↑中生代

① 古い順に，㉒（トリアス紀）→ジュラ紀→㉓と分けられる。
② **中生代の気候**…顕生代の中でもとくに**温暖な気候**が続いた時代である。生物は種類・数ともに増加した。　♣6
③ 中生代の大量の生物の遺骸は有機物として地層に埋まり，現在採掘されている(㉔ 　　　) のもとになった。

♣6 中生代末に，**巨大隕石**が衝突し，地球環境は急激に変化し，**大量の生物が絶滅**したと考えられている（→p.58）。

> **重要**　〔中生代〕
> 古い順に，**三畳紀（トリアス紀）→ジュラ紀→白亜紀**

4章 生物の変遷 | 55

2 中生代の生物

① 三畳紀（トリアス紀）…陸上では大型の爬虫類である（㉕　　　）が出現し，種子植物が急激に増加した。原始的な（㉖　　　類）の出現。海洋では巻貝のようなからをもつ（㉗　　　）♣7やモノチスが繁栄。

♣7 アンモナイトは，古生代のシルル紀に出現し，中生代の三畳紀（トリアス紀）から急激に繁栄した。

♣8 被子植物の出現は白亜紀のはじめ頃だという説もある。その後，白亜紀の後期になると種類も増え，繁栄した。

1cm

（㉘　　　）　（㉙　　　）…大型爬虫類
　　　　　　　図はステゴサウルス

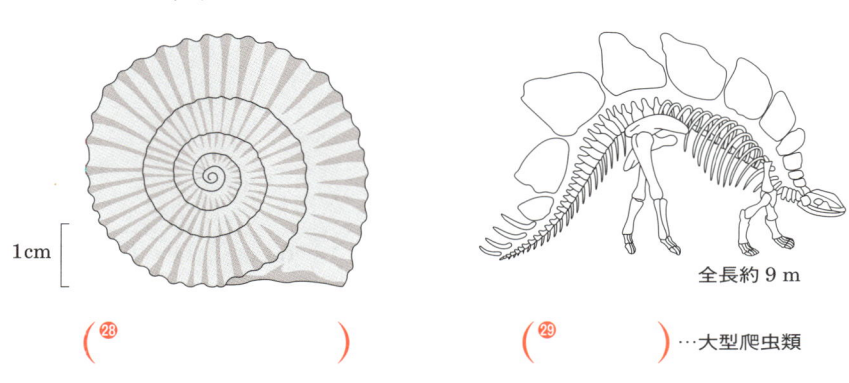

↑ 中生代に繁栄した生物の化石

♣9 ジュラ紀の終わりごろには，恐竜から進化したと考えられている始祖鳥が出現した。

② ジュラ紀…陸上では（㉚　　　植物），爬虫類が全盛期をむかえた。さらに，裸子植物から分かれた（㉛　　　植物）♣8，爬虫類から分かれた（㉜　　　類）♣9が出現した。

③ 白亜紀…二枚貝類の（㉝　　　），トリゴニア類の繁栄。温暖な時代であったが，6600万年前に急激な環境の変化が起こり，恐竜やアンモナイトなどの大量の生物が絶滅した。
↳巨大隕石の落下によるものと考えられている（→p.59）

> **重要**
> 〔中生代の生物〕
> **三畳紀（トリアス紀）**…恐竜の出現，アンモナイトの繁栄
> **ジュラ紀**…裸子植物の全盛期，鳥類，被子植物の出現
> **白亜紀**…イノセラムス，トリゴニア類

↑ 始祖鳥の化石

ミニテスト　　　　　　　　　　　　解答 別冊 p.5

□❶ カンブリア紀に出現した，古生代を代表する節足動物を何というか。
□❷ シルル紀に出現した，最初の陸上生物を，何というか。
□❸ ペルム紀に世界の大陸が衝突，合体して形成された超大陸を，何というか。
□❹ ジュラ紀に全盛期をむかえた植物は，何植物か。

3 人類と生物の変遷

❶ 新生代の生物

1 新生代——6600万年前から現在まで。

新生代							
❶			新第三紀		❷		
暁新世	始新世	漸新世	中新世	鮮新世	❸		❹
56	34	23	5.3	2.6		0.01	(×100万年前)

↑ 新生代

① 古い順に，❶→新第三紀→❷ と分けられる。さらに，❶は**暁新世**と**始新世**と**漸新世**，新第三紀は**中新世**と**鮮新世**，❷は❸と❹に分けられる。
② **新生代の気候**…中生代からの温暖な気候が続くが，後に寒冷化し**氷河**が発達した。

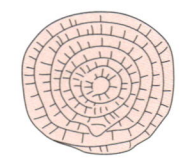

> **重要**
> 〔新生代〕
> 古い順に，**古第三紀→新第三紀→第四紀**

カヘイ石

ビカリア

2 古第三紀・新第三紀の生物と気候

① 古第三紀には現在の(❺　　　類)のほぼすべての先祖が出現し，陸上で繁栄。暖かい海では**大型有孔虫**の(❻　　　)(ヌンムリテス)が繁栄。
② 古第三紀から新第三紀には，**汽水域で巻き貝**の(❼　　　)が繁栄。　＊淡水と海水が混ざった河口域
③ 古第三紀に，裸子植物にかわり(❽　　　植物)が繁栄。
④ 古第三紀の初期は温暖な気候であったが，**約3000万年前に寒冷化，1500万年前以降は基本的に寒冷な気候**が続いた。
⑤ 新第三紀には，**哺乳類**のデスモスチルスが繁栄。

メガロドン

デスモスチルス

↑ 古第三紀・新第三紀の生物

> **重要**
> 〔新生代古第三紀・新第三紀の生物〕
> 古第三紀…**カヘイ石**(ヌンムリテス)，**ビカリア**，**被子植物**
> 新第三紀…**デスモスチルス**

3 第四紀の環境と生物

① 第四紀の環境…きわめて寒冷で**大陸が広く氷河に覆われる**(⑨   )と**比較的温暖な**(⑩   )を繰り返した。最近の70万年では、約10万年単位で⑨と⑩をくり返しており、現在は(⑪   )である。

② **氷期**には、氷河が発達し海水の量が減少するため、海水面は間氷期に比べて(⑫   )かった。

③ 第四紀の生物…哺乳類では**ナウマンゾウ、オオツノジカ**が繁栄した。

> **重要** 〔新生代第四紀〕
> **氷期と間氷期をくり返している時代。現在は間氷期。**
> **ナウマンゾウ、オオツノジカが繁栄。**

♣1 少なくとも4回の氷期があったことがわかっており、氷期、間氷期が繰り返されたため、海水面の上昇、下降も繰り返された。

↑ナウマンゾウ

4 人類の出現と発達

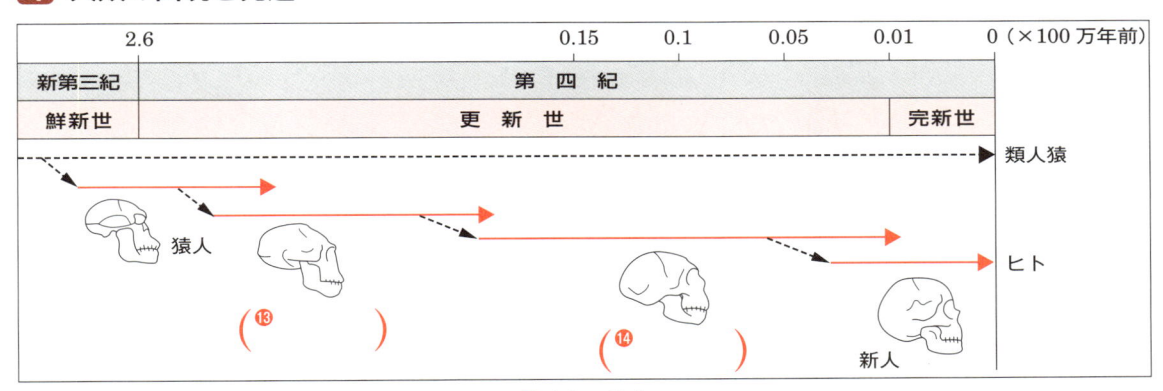

↑人類の進化

① **猿人**…**直立二足歩行**した最古の人類。アフリカで約700万年前の化石が発見された(⑮   )・**チャデンシス**など。

② (⑯   )…猿人に続いて約250万年前に現れた人類。猿人にくらべて脳の容積が大きく、石器を使用していたと考えられている。**ジャワ原人・北京原人**など。

③ (⑰   )…約50万年前に原人から進化した、**ホモ・ネアンデルターレンシス**などの人類。ヨーロッパを中心に繁栄した。

④ **新人**…旧人から進化した、**現代人の直接の祖先**。現代人も含めて(⑱   )という種である。約16万年前にアフリカで出現し、世界各地へ広がった。**クロマニヨン人**などが知られている。

> **重要** 〔人類の進化〕
> **猿人→原人→旧人→ホモ・サピエンス(新人)**

♣2 たんにサヘラントロプスということもある。

♣3 生物は、界・門・網・目・科・属・種の順に細かく分類される。ホモ・サピエンス(新人)は、われわれヒトの種を表す名称である。

♣4 クロマニヨン人はクロマニョン人とも書き、クロマニョン洞窟で発見された。現代の人類もクロマニヨン人も、どちらもホモ・サピエンスである。

❷ 生物の絶滅

1 大量絶滅

① (⑲　　　　　　　) …短い期間に地球規模で多くの種類の生物が絶滅すること。

② 化石の記録から，顕生代（顕生累代）に入ったあと，少なくとも(⑳　　　　)回の大量絶滅が起こったことがわかっている。

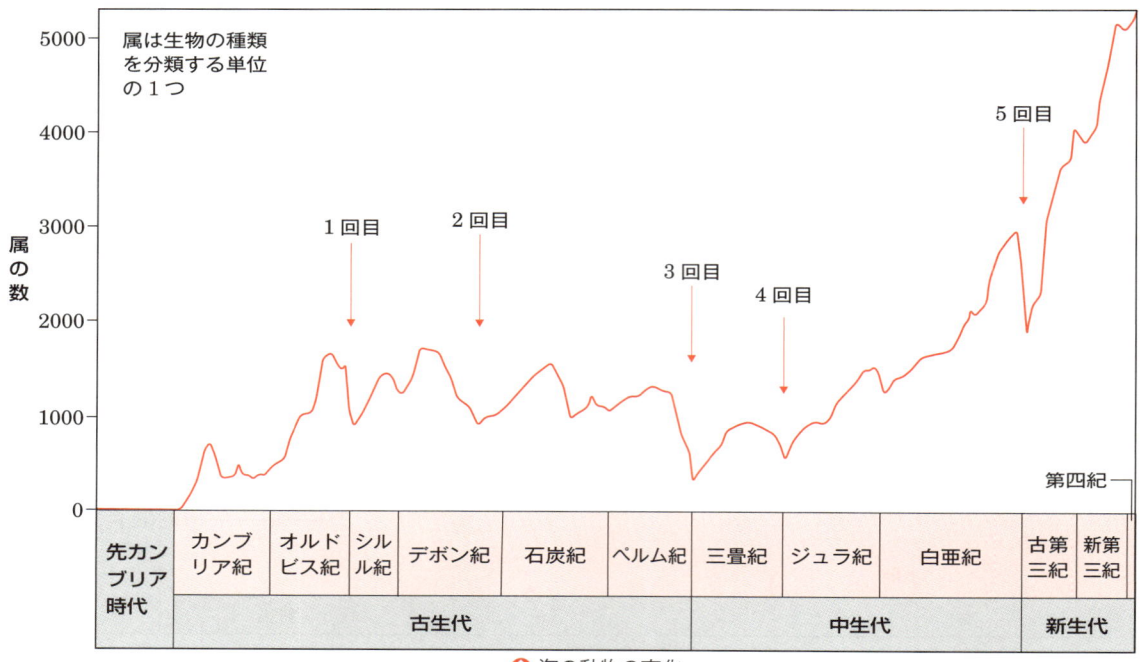

↑ 海の動物の変化　　（Rohde & Muller による）

2 最大規模の大量絶滅

① (㉑　　　　紀)末の大量絶滅…古生代末の約2億5200年前に起こった，地球上で最大規模の大量絶滅。顕生代に入ったあと(㉒　　　)回目の大量絶滅。

② 三葉虫，フズリナ（紡錘虫）などの生物が絶滅し，当時の海生動物のうち，約90％の種が絶滅した。

③ (㉓　　　代)と(㉔　　　代)とを区分する境界とされ，巨大プルームの上昇，海洋の酸素欠乏などの原因が考えられている。

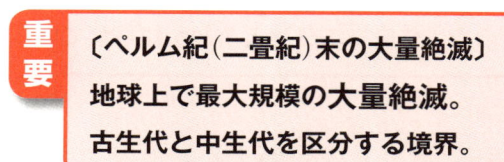

↳ 地下深くのマントルの円筒流をプルームという(→p.17)

> **重要**
> 〔ペルム紀（二畳紀）末の大量絶滅〕
> 地球上で最大規模の大量絶滅。
> 古生代と中生代を区分する境界。

3 中生代と新生代の境界の大量絶滅

① (㉕　　　紀) 末の大量絶滅…中生代末の約6600万年前に起こった，顕生代に入り (㉖　　　) 回目の大量絶滅。

② 恐竜，アンモナイトなどの大量の生物が絶滅した。このことが，哺乳類繁栄のきっかけとなった。

③ 中生代と新生代の境界にあたる地層から，地上ではあまり見られない元素の (㉗　　　) や球形ガラス質のマイクロテクタイトが発見されたことなどから，巨大な (㉘　　　) が落下したことがわかった。
　→元素記号 Ir
　→岩石がいちど蒸発したことを示す

④ 隕石の落下によって地球環境が大きく変化し，大量絶滅が引き起こされたと考えられている。

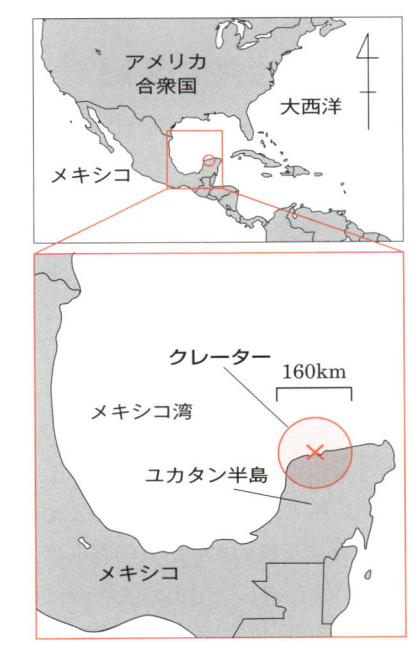

> **重要**　〔白亜紀末の大量絶滅〕
> 恐竜，アンモナイトなど大量の生物が絶滅。
> 巨大な隕石落下が原因と考えられている。

↑ 巨大隕石によるクレーター

♣5 この隕石の衝突したあととみられるクレーターは，メキシコのユカタン半島で発見されている。

4 生物の絶滅と生物の進化

① 大量絶滅によって絶滅した種が再び出現することはなく，**生き残った種から多様な種に** (㉙　　　) していった。

② 恐竜やアンモナイトは，古生代に出現していたが，(㉚　　　紀) 末の大量絶滅を生き残り，**中生代に急激に多様化**した。

③ (㉛　　　類) が出現したのは三畳紀(トリアス紀)であるが，(㉜　　　紀) 末の大量絶滅を生き残り，**新生代に急激に多様化，大型化**した。

④ 顕生代(顕生累代)の (㉝　　　時代) は，地球環境の変化による大量絶滅や，生き残った生物の進化に基づいて区分される。

♣6 進化によって新しい生物が現れても，進化のもとになった生物が必ずしも絶滅するわけではない。例えば，哺乳類は爬虫類から進化したと考えられているが，爬虫類が絶滅してはいない。

ミニテスト　　　　　　　　　　　　　解答 別冊 p.5

- ❶ 新生代後半の気候は，それまでよりも温暖化したか，寒冷化したか。
- ❷ 古第三紀の海で繁栄した大型の有孔虫を何というか。
- ❸ 第四紀で，氷期と氷期の間の比較的温暖な時期を何というか。
- ❹ ホモ・ネアンデルターレンシスは，原人と旧人のどちらに分類されるか。
- ❺ 地球上で最大規模の大量絶滅は，何紀の末に起こったか。
- ❻ 新生代に急激に多様化，大型化した脊椎動物は何類か。

4章 生物の変遷　練習問題

解答　別冊p.11

❶ 〈地球と生命の誕生〉
生命の誕生について，次の問いに答えよ。
▶わからないとき→p.48〜51

(1) 地球の原始大気は，おもに何と何から構成されていたか，2つ答えよ。
(2) マグマオーシャンとはどのような状態か。次のア〜ウから選べ。
　ア　海洋の粘性がマグマのように高い状態。
　イ　マグマが海のように地球をおおっている状態。
　ウ　海底火山が噴火し，マグマが大量に流れ出している状態。
(3) 現存する地球最古の岩石は，約何年前のものか。次のア〜ウから選べ。
　ア　約25億年前　　イ　約30億年前　　ウ　約40億年前
(4) 38億年前の枕状溶岩の存在は，当時の地表に何があったことの証拠となるか。
(5) 形態を残した最古の生物の化石は，約何年前のものか。次のア〜ウから選べ。
　ア　約20億年前　　イ　約35億年前　　ウ　約40億年前
(6) 最初に酸素発生型の光合成を行ったと考えられている生物は何か。
(7) 縞状鉄鉱層は，何と何が結合して形成されたか。次のア〜ウから選べ。
　ア　鉄イオンと生物の遺骸　　イ　生物の遺骸と酸素
　ウ　鉄イオンと酸素
(8) 約22〜23億年前と約6〜7.5億年前に起こったと考えられている，地球全体が極端に寒冷化し，氷におおわれた状態を何というか。
(9) 原核生物と真核生物は，細胞の中に何をもつかもたないかによって区別されるか。
(10) エディアカラ生物群は，どのような生物群か。次のア〜ウから選べ。
　ア　かたい組織をもたない無脊椎動物群。
　イ　かたい組織をもつ無脊椎動物群。
　ウ　かたい組織をもたない脊椎動物群。

ヒント
(2) 地球に海洋が形成される以前の状態である。
(7) 現在も鉄の原料として採掘されていることから考える。
(10) 約6億年前に出現したことから考える。

❶
(1) ＿＿＿
　　＿＿＿
(2) ＿＿＿
(3) ＿＿＿
(4) ＿＿＿
(5) ＿＿＿
(6) ＿＿＿
(7) ＿＿＿
(8) ＿＿＿
(9) ＿＿＿
(10) ＿＿＿

❷ 〈古生代の生物〉
古生代の示準化石（標準化石）となる生物の化石を，次のア〜シからすべて選んで記号で答えよ。
▶わからないとき→p.52〜54

　ア　三葉虫　　イ　カヘイ石（ヌンムリテス）　　ウ　ビカリア
　エ　フズリナ（紡錘虫）　　オ　イノセラムス　　カ　ナウマンゾウ
　キ　恐竜　　ク　筆石　　ケ　クックソニア　　コ　オオツノジカ
　サ　イクチオステガ　　シ　デスモスチルス

ヒント この問題にあげられた生物のうち，古生代の生物は5つである。

❷
＿＿＿
＿＿＿

❸ 〈中生代の環境と生物〉 ▶わからないとき→p.54～55

次の文の(1)～(5)にあてはまる語を，それぞれア，イから選べ。

中生代は顕生代(顕生累代)の中でもとくに(1)(ア 寒冷 イ 温暖)な気候であり，生物の種類，数は(2)(ア 増加 イ 減少)した。中生代の生物の遺骸は地層に有機物として埋まり，現在の(3)(ア 石炭 イ 石油)のもととなった。中生代のはじめごろには，陸上では恐竜が繁栄し，(4)(ア シダ植物 イ 裸子植物)も急激に増加した。二枚貝類の(5)(ア ビカリア イ イノセラムス)やトリゴニア類は，白亜紀ごろに繁栄したが，中生代末に地球の環境が急激に変化し，多くの生物が絶滅した。

ヒント (2) 生物が生息するために適した環境を考える。
(3) 石炭のもとが形成された時期はいつか，時代区分(紀)の名称から考える。

❸
(1) _____
(2) _____
(3) _____
(4) _____
(5) _____

❹ 〈新生代の生物〉 ▶わからないとき→p.56～57

新生代の生物と人類の進化について，次の問いに答えよ。

(1) 新生代に繁栄した植物は，どのような植物か。
(2) 新第三紀に繁栄した哺乳類を，次のア～ウから選べ。
　ア ナウマンゾウ　イ デスモスチルス　ウ オオツノジカ
(3) 第四紀の気候について正しいものを，次のア～ウから選べ。
　ア 中生代と同様の温暖な気候が続いた。
　イ 極端に寒冷な気候が続いた。
　ウ 極端に寒冷な気候と比較的温暖な気候をくり返した。
(4) 直立二足歩行をしていた最古の人類を，次のア～ウから選べ。
　ア サヘラントロプス・チャデンシス　イ 北京原人
　ウ ホモ・サピエンス
(5) 次の人類を，出現した順に並べ，記号で答えよ。
　ア 新人　イ 原人　ウ 猿人　エ 旧人

ヒント (1) 裸子植物にかわって繁栄した。
(2) 第四紀に繁栄した生物と区別する。
(5) 現代の私たちは新人に含まれる。

❹
(1) _____
(2) _____
(3) _____
(4) _____
(5) ___→___→___→___

❺ 〈生物の絶滅と進化〉 ▶わからないとき→p.58～59

生物の変遷について，次の問いに答えよ。

(1) 三葉虫，フズリナ(紡錘虫)などが絶滅したのは，何という紀の末か。
(2) 恐竜が絶滅したのは，何という紀の末か。
(3) 生物の絶滅と進化について正しいものを，次のア～ウから選べ。
　ア 一度絶滅した生物でも，環境が変われば再び出現する。
　イ 大量絶滅を生き残った生物は進化し，多様化していく。
　ウ 進化のもととなった生物は，必ず絶滅する。

ヒント (3) 現在の生物の多様性について考える。

❺
(1) _____
(2) _____
(3) _____

第1編 地球のすがたと歴史 定期テスト対策問題

時　間▶▶▶ **50分**
合格点▶▶▶ **70点**
解　答▶別冊 p.12

1
次の測定結果から，地球の周囲の長さを求めた。ただし，地球は球形であるとする。下の各問いに答えよ。 〔各3点　合計6点〕

〔測定結果〕
① 地点 A は赤道上にある地点 B の真北にあり，AB 間の距離はちょうど 1000 km である。
② 地点 B で太陽が天頂で南中するとき地点 A での太陽の南中高度は 81° である。

問1 測定結果②より，地点 A と地点 B の緯度の差を求めよ。
問2 測定結果①，②より，地球の周囲の長さを求めよ。

問1		問2	

2
次の文を読み，下の各問いに答えよ。 〔各2点　合計6点〕

地球は，回転をしているために，完全な球形ではない。①物体が回転することによってはたらく力が地球にもはたらき，②地球は赤道方向に膨らんだ楕円形であることがわかっている。

問1 下線部①の力について正しいものを，次のア〜エから選べ。
ア　回転軸からみて，内側に向かってはたらく引力（万有引力）。
イ　回転軸からみて，外側に向かってはたらく重力。
ウ　回転軸からみて，内側に向かってはたらく重力。
エ　回転軸からみて，外側に向かってはたらく遠心力。

問2 下線部②のような形を何というか。
問3 下線部②のような形について，完全な球形からのつぶれ方の程度を表す値を何というか。

問1		問2		問3	

3
次の文を読み，下の各問いに答えよ。 〔各3点　合計18点〕

地球の内部構造は，構成する物質の違いによって層状に分かれている。最も地表に近い地殻は固体である。その下の層である（　①　）は固体で，深さ約（　a　）km までの部分を指す。さらにその下層は，おもに液体の（　②　）でできている外核であり，深さ約（　b　）km までの部分である。地球の最深部は（　③　）という密度の大きい層である。

問1 文中の空欄①〜③にあてはまる語句を答えよ。
問2 文中の空欄（　a　），（　b　）にあてはまる数値を答えよ。
問3 モホロビチッチ不連続面（モホ不連続面）は，地球内部のどの層とどの層の境界か。

問1	①		②		③		問2	a		b	
問3											

4 次の文を読み，下の各問いに答えよ。 〔各3点　合計12点〕

プレートの運動と地震の発生には深い関係がある。プレートの境界には，（ ① ）のように2つのプレートが離れていく境界，（ ② ）のように2つのプレートが近づき，片方のプレートがもう一方のプレートに下に沈み込む境界，（ ③ ）のように2つのプレートが水平方向にすれ違う境界がある。

④日本で発生する地震には，2011年の東北地方太平洋沖地震のような（ ⑤ ）も多く，津波を引き起こすこともあるため警戒が必要である。

問1 文中の空欄①〜③にあてはまる語句の組み合わせとして正しいものを，次のア〜エから選べ。

ア　①　サンアンドレアス断層　　②　日本海溝　　　　　　③　大西洋中央海嶺
イ　①　サンアンドレアス断層　　②　大西洋中央海嶺　　　③　日本海溝
ウ　①　大西洋中央海嶺　　　　　②　日本海溝　　　　　　③　サンアンドレアス断層
エ　①　大西洋中央海嶺　　　　　②　サンアンドレアス断層　③　日本海溝

問2 文中の空欄⑤にあてはまる地震の種類を答えよ。

問3 マグニチュード9の地震が放出するエネルギーは，ある地震1000個分のエネルギーに相当した。このとき，「ある地震」のマグニチュードはいくつか。

問4 下線部④の地震の原因となる断層について，正断層と逆断層ができる原因である，岩盤にはたらく力の違いについて簡潔に説明せよ。

問1		問2		問3	
問4					

5 火山，火成岩について次の各問いに答えよ。 〔各完答2点　合計14点〕

問1 次のマグマがつくる代表的な火山の形をそれぞれ1つ答えよ。
　(1) 玄武岩質マグマ　　(2) 安山岩質マグマ　　(3) 流紋岩質マグマ

問2 噴火の際に火砕流が発生する可能性が最も高い火山をつくるマグマはどれか。問1の(1)〜(3)から選び，問題番号で答えよ。

問3 火山前線(火山フロント)の説明として正しいものを，次のア〜エから選べ。
　ア　火山前線よりも大陸側に火山は分布しない。
　イ　火山前線は，海洋プレートとそれに沈み込むプレートの境界付近にできる。
　ウ　火山前線は，日本列島で震源が500 kmよりも深い地震の分布とほぼ一致する。
　エ　火山前線は，海溝側の火山の分布の限界線である。

問4 ある火成岩に含まれる鉱物を観察したところ，斜長石，輝石，かんらん石，少量の角閃石が観察された。この火成岩の名称として考えられるものを2つ答えよ。

問5 問4の火成岩の組織のようすを観察することで，火山岩であると判断した。このように判断した理由を，判断材料となる組織名を含めて簡潔に説明せよ。

問1	(1)		(2)		(3)	
問2		問3		問4		
問5						

6 次の文を読み，あとの各問いに答えよ。　〔各2点　合計20点〕

　堆積岩は，（　①　）の種類によって分類される。そのうち砕屑物が堆積してできたものは，（　②　）によって礫岩・砂岩・泥岩に分類される。化学岩には$_A$（　**a**　）を主成分とする石灰岩，（　**b**　）を主成分とするチャートなどがあり，石灰岩，チャートは（　③　）に分類されることもある。火山の比較的近くでは，火山灰が堆積してできる堆積岩である（　④　）がみつかることがある。

　堆積物が積み重なると地層が形成され，地層の堆積の構造は過去の環境を推定する手がかりとなる。細かい縞模様である（　⑤　）を観察することで，砕屑物を堆積させた水流の向きや強さなどがわかる。$_B$不整合は過去に起こった現象の手がかりとして重要である。

　地質構造として地殻変動の記録を残すものとしては，断層，$_C$褶曲があげられる。

問1 文中の空欄①~⑤にあてはまる語句を答えよ。
問2 文中の空欄a，bにあてはまる化学式を答えよ。
問3 下線部Aの堆積岩にうすい塩酸をかけたときのようすとして正しいものを，次のア~エから選べ。
　ア　石灰岩…二酸化炭素が発生し，とける。　　チャート…変化なし。
　イ　石灰岩…二酸化炭素が発生し，とける。　　チャート…水素が発生し，とける。
　ウ　石灰岩…変化なし。　　チャート…二酸化炭素が発生し，とける。
　エ　石灰岩…変化なし。　　チャート…変化なし。
問4 下線部Bの不整合について正しいものを，次のア~エから選べ。
　ア　不整合面の上の層と下の層は，どちらも海底のような水中で堆積した。
　イ　整合面が，強い引っ張りの力または圧縮の力を受けることによって，不整合面が形成される。
　ウ　不整合面の下の層が堆積してから上の層が堆積する間に，隆起や沈降などの地殻変動があった。
　エ　ほぼすべての不整合面の上には，凝灰岩の層がある。
問5 下線部Cの褶曲ができる原因について，「褶曲軸」，「垂直」という語を用いて簡潔に説明せよ。

問1	①	②	③	④	⑤
問2	a	b	問3		問4
問5					

7 変成岩について，次の各問いに答えよ。　〔各2点　合計4点〕

問1 プレートの沈み込む境界の地下で広い領域で変成作用が起こりやすいのはなぜか。最も適当なものを次のア~エから選べ。
　ア　温度は周囲にくらべて低くなり，圧力は周囲にくらべて高くなるため。
　イ　温度は周囲にくらべて高くなり，圧力は周囲にくらべて低くなるため。
　ウ　温度が周囲にくらべて高くなり，マグマが貫入するため。
　エ　温度，圧力ともに周囲にくらべて高くなるため。
問2 問1のような変成作用によって形成される変成岩として適当なものを，ア~カからすべて選べ。
　ア　結晶片岩　　イ　玄武岩　　ウ　ホルンフェルス　　エ　凝灰角礫岩
　オ　結晶質石灰岩（大理石）　　カ　片麻岩

問1		問2	

8 次の文を読み，あとの各問いに答えよ。 〔各2点 合計8点〕

大気と液体の水は，生物が生存するために不可欠である。今から約46億年前に地球は形成され，二酸化炭素と（ ① ）を主成分とする原始大気が形成され，やがて，A 大気中の二酸化炭素は大幅に減少した。今から約40億年前には最初の生命が誕生していたと考えられており，B 原生代に入ると酸素濃度が急激に増加した。この時期にできた酸素は，海水中にとけていた鉄イオンと結合し，（ ② ）という層を形成した。

問1 文中の空欄①，②にあてはまる語句を答えよ。
問2 下線部Aの原因として最も適当なものを，次のア～エから選べ。
　ア　二酸化炭素が，温室効果で大量に消費されたため。
　イ　二酸化炭素が，海洋に吸収され石灰岩などとして固定されたため。
　ウ　二酸化炭素が，地球の気温低下に伴ってドライアイスとなり固定されたため。
　エ　二酸化炭素が，炭素と酸素に分解されたため。
問3 下線部Bの原因は，当時出現した生物の何というはたらきによるか答えよ。

問1	①		②		問2		問3	

9 生物の進化について，次の各問いに答えよ。 〔各2点 合計12点〕

問1 古生代に繁栄した生物として誤っているものを，次のア～エから選べ。
　ア　フズリナ（紡錘虫）　　イ　ビカリア
　ウ　筆石　　　　　　　　エ　三葉虫
問2 古生代について正しいものを，次のア～エから選べ。
　ア　短い期間に大量の生物が絶滅する大量絶滅は，1度も起こらなかった。
　イ　特に温暖な気候が続き，極地域の氷がとけ，海水準が上昇した。
　ウ　かたい組織をもたない無脊椎動物のエディアカラ生物群が現れた。
　エ　オゾン層が形成され地上に届く紫外線の量が減り，生物の上陸を促した。
問3 中生代の海で大繁栄し，白亜紀末ごろにほぼ絶滅した，巻貝のようなからをもつ生物を何というか。
問4 新生代に繁栄した生物として誤っているものを，次のア～エから選べ。
　ア　ナウマンゾウ　　　　イ　カヘイ石（ヌンムリテス）
　ウ　ステゴサウルス　　　エ　デスモスチルス
問5 直立二足歩行をしていた最古の人類の化石は，今からおよそ何年前のものか。次のア～エから選べ。
　ア　約2600万年前　　イ　約700万年前　　ウ　約20万年前　　エ　約2万年前
問6 次のア～エの人類の祖先を現れた順に並べ，記号で答えよ。
　ア　ホモ・サピエンス　　　　　　イ　ホモ・ネアンデルターレンシス（ネアンデルタール人）
　ウ　サヘラントロプス・チャデンシス　エ　アウストラロピテクス・アファレンシス

問1		問2		問3	
問4		問5		問6	→ → →

1章 大気と海洋

1　大気の層構造

❶ 大気と気圧

1 大気の組成

① (　❶　)…地球を取り巻く大気の層。大気は，上空にいくにしたがってしだいに希薄になる。

② 地球の大気の組成は，(　❷　)が約 80 %，(　❸　)が約 20 % を占めており，次いでアルゴン，二酸化炭素などが微量に含まれている。

③ 水蒸気の量は高度によって異なるが，地表付近で体積比約 1〜3 % である。水蒸気と，大気の約 0.04 % を占める(　❹　)は，地表の環境の形成に大きな影響を与えている。

④ 大気は，高度約 100 km まではよく混合されており，**組成はほとんど変化しない**。

♣1 水蒸気の量が場所や時刻によって大きく変化するため，水蒸気を除いて考えることが多い。

> **重要**　〔大気の組成〕
> 窒素…約 80 %，酸素…約 20 %，
> 二酸化炭素…約 0.04 %

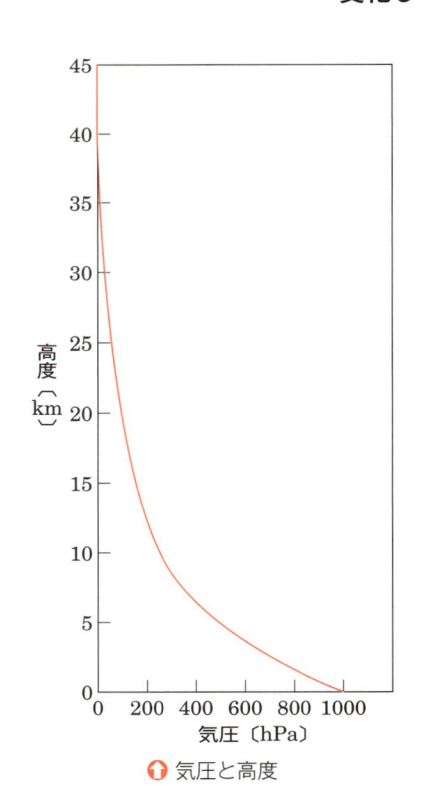

2 大気圧──大気による圧力のこと。たんに**気圧**ということもある。

① 大気圧は，ある地点よりも上にある大気の，単位面積あたりの重さにあたる。

② トリチェリー(1608〜1647, イタリア)の実験により，同じ断面積の空気柱の重さと水銀柱約 **76 cm** の重さが等しいことがわかった。水銀柱 76 cm の圧力を 1 (　❺　)という。

③ **1 気圧 = (　❻　) hPa = 760 mmHg** という関係がある。1 Pa（パスカル）は，1 m² の面積に 1 N（ニュートン）の力がかかるときの圧力を表し，**1 Pa = 1 N/m²**，1 hPa = (　❼　) Pa である。

（ヘクトパスカルと読む）

↑ 気圧と高度

④ 気圧は，上空に行くほど（⑧　　　　）なる。♣2

> **重要** 〔気圧の単位〕
> 1 気圧 = 1013 hPa（ヘクトパスカル） = 760 mmHg
> 〔1 Pa = 1 N/m², 1 hPa = 100 Pa〕

♣2 気圧は，その地点でのその地点よりも上にある大気の重さなので，高度が高くなればその地点よりも上の大気の重さは軽くなるため，気圧は低くなる。

❷ 大気圏の層構造

1 大気圏の区分──大気圏は，高度による（⑨　　　　変化）をもとに，大きく（⑩　　）つの層に区分される。
① （⑪　　　　　　）…高度変化による温度の変化率。
② 大気圏は，地表に近いほうから**対流圏，成層圏，中間圏，熱圏**といい，気温減率の正負で分けられる。

> **重要** 〔大気圏の区分〕
> **大気圏**…気温減率の正負で4つの層に分けられる。
> ⇨ 地表近くから**対流圏，成層圏，中間圏，熱圏**

2 （⑫　　圏）──地表から高度約 11 km までの大気の層。♣3
① 大気中の（⑬　　　　）のほとんどが存在し，**雲の発生や降水など**の気象現象が起こっている。
② 対流圏では，高度が 100 m 上昇するごとに約（⑭　　℃）ずつ気温が下降する。

3 圏界面（対流圏界面）──対流圏とその上層である成層圏との境界面を，（⑮　　　　　）という。
① 圏界面（対流圏界面）の高度は，赤道付近では約 16 km，高緯度地域では約 8 km で，赤道付近のほうが高緯度地域よりも（⑯　　　）。♣4

♣3 大気が上下に対流することによって，雲を形成したり，**降水**をもたらしたりする層である。

♣4 地表が**暖かい**ところほど，**圏界面（対流圏界面）の高さは高い**と考えてよい。

> **重要** 〔対流圏と圏界面〕
> **対流圏**…地表から高度約 11 km までの部分。高度とともに気温が下降する。（0.65 ℃/100 m）
> **圏界面（対流圏界面）**…対流圏とその上の成層圏の境界。

第2編 物質循環と気象

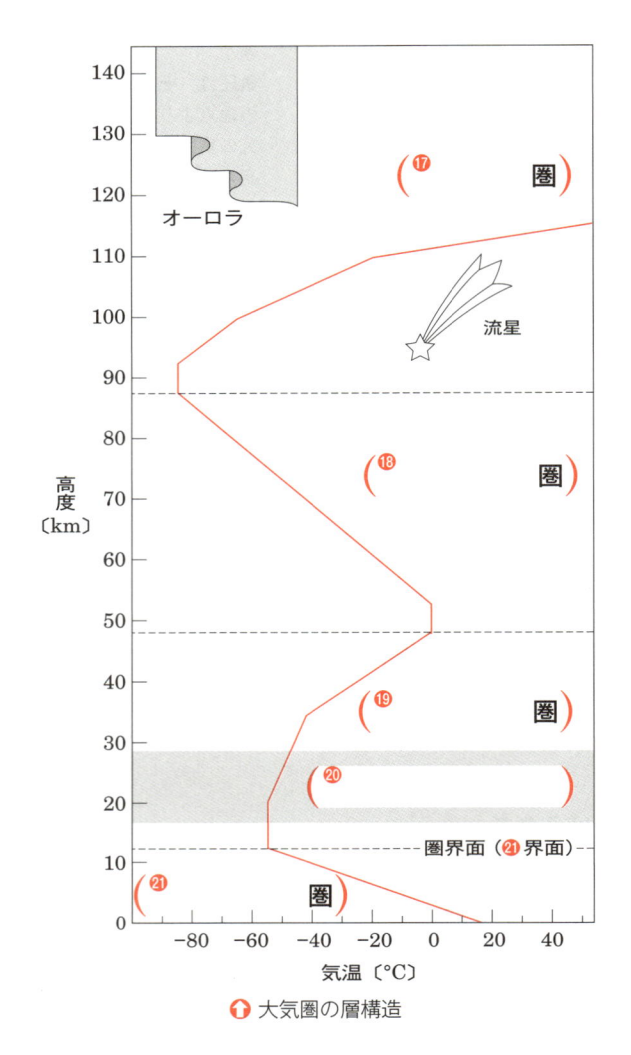

4 (㉒　　　圏)——圏界面から高度約 50 km までの大気の層。

① 成層圏では，高度が高くなるとともに気温は(㉓　　　)なる。

② 成層圏は，空気の対流がほとんど発生せず，安定した層となっている。

③ (㉔　　　)♣5…成層圏の高さ約 15～30 km に存在する，オゾン(O_3)を多く含む層。

・太陽からの**紫外線**のはたらきによって，(㉕　　　)分子から㉕原子がつくられ，㉕分子と結合してオゾンの分子が生成される。（化学式 O，化学式 O_2）

・オゾンは，太陽からの(㉖　　　)を吸収し，大気を加熱するため，成層圏では**高度とともに気温が上昇**する。

・人工的な物質である(㉗　　　)が**オゾン層を破壊**することがわかっている。これによって，南極付近の上空や北極付近の上空では，極端にオゾンの濃度が低い(㉘　　　)が発生している。

図中ラベル：オーロラ／流星／⑰圏／⑱圏／⑲圏／⑳（　　　）／圏界面／㉑界面／㉑圏
縦軸：高度〔km〕　横軸：気温〔℃〕
↑ 大気圏の層構造

♣5 オゾン層は大気の成分で区分されるもので，高度による気温変化で区分されているわけではない。

> **重要**
> 〔成層圏〕
> **成層圏…圏界面から高度約 50 km までの部分。オゾン層によって高度とともに気温が上昇する。**
> **オゾン層…オゾンを多く含む部分で，高さ 15 km～30 km に存在。**

5 (㉙　　　圏)——高度約 50 km から約 80～90 km までの大気の層。

① 中間圏では高度とともに気温が(㉚　　　)なり，上部の気温は大気圏中で最も(㉛　　　)。

> **重要** 中間圏…高度約 50 km から約 80〜90 km までの層。高度とともに気温は下降し，上部は大気圏中で最低の気温。

6 (㉜　　　圏)——中間圏の上から高度約 500〜700 km までの大気の層。
① 熱圏では，太陽からの**紫外線**や**X線**のエネルギーを直接吸収するため，高いところほど高温となっている。
② (㉝　　　)(極光)…おもに高緯度地域でみられる現象。電荷を帯びた粒子が大気に高速でぶつかることにより，大気中の酸素や窒素が発光する現象。
③ (㉞　　　)…宇宙空間にある塵が，地球の大気とぶつかることで高温になり♣6，発光する現象。
　↳中間圏から熱圏にかけてみられる

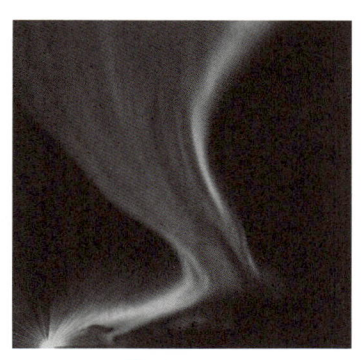

↑オーロラ

♣6 大気が**断熱状態**で圧縮されるので，温度が上がる(→ p.71)。

> **重要** 熱圏…中間圏の上の高度約 500〜700 km までの層で，高度とともに気温は上昇。オーロラ，流星がみられる。

3 電離圏　〔発展〕

1 (㉟　　　圏)——高度約 80〜500 km で，**大気中の原子，分子が電離してイオンと電子になっている**部分♣7。
① 電離圏では，太陽からの紫外線やX線によって原子や分子が電離し，イオンになっている。
② (㊱　　　)…**電離圏の中のイオンや電子の密度がとくに高い層状の部分**。電波をよく反射し，無線通信に用いられる。

♣7 **電離圏**は，高度による気温変化で区分されているわけではなく，**大気の性質**によって区分されている。

ミニテスト　　　　　解答 別冊 p.5

- ❶ 地球の大気の約 80 % を占める気体は何か。
- ❷ 1 気圧は何 hPa か。
- ❸ 地表から高度約 11 km までの大気の層を何とよぶか。
- ❹ 対流圏と成層圏の境界を何というか。
- ❺ 対流圏の上の，高度約 50 km までの大気の層を何とよぶか。
- ❻ 成層圏の高度約 15〜30 km にある層を何というか。
- ❼ 気温が高さとともに減少するのは，中間圏と熱圏のどちらか。

2 対流圏と気象

① 地表の水

1 水の循環

① 地球表層の水の 97％ 以上は，(❶　　　) として存在している。
② 陸上の水のほとんどは (❷　　　) の氷として存在している。
③ **水の循環**…海水は蒸発して水蒸気になり，さらには (❸　　　) となって陸地の上空へ移動する。そこで降水となった水は河川を流れ，再び海水に戻る。このように，地球表層の水は (❹　　　) からのエネルギーをもとに循環している。

♣1 地球表層の水で最も多いのは**海水**，次に多いのは**氷河の氷**，次いで**地下水**である。

> **重要** 〔水の循環〕
> **地球表層の水の 97％ は海水，陸上の水のほとんどは氷河の氷として存在している。**

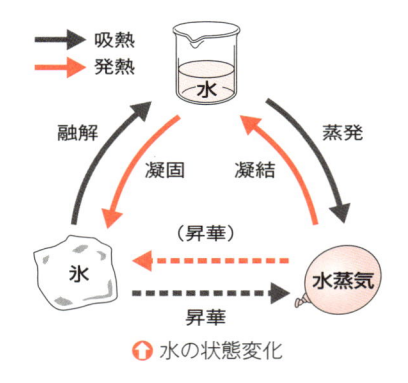

2 水の状態変化と潜熱

① 水は，気体の (❺　　　)，液体の水，固体の氷と状態変化をする。
② (❻　　　)…状態変化にともなって出入りする熱。
  ・(❼　　　)（気化）・融解や，固体から気体に変わる変化（昇華）をするときには周囲から熱を奪う。
  ・(❽　　　)（凝縮）・凝固や，気体から固体に変わる変化をするときには熱を放出する。
  → この変化も昇華とよぶことがある

↑ 水の状態変化

♣2 空気中に含まれる水蒸気が凝結しながら上昇すると，空気の温度は下がりにくい。これは，水蒸気が凝結するときに放出する潜熱によって，加熱されるためである。

> **重要** 潜熱…状態変化にともなって出入りする熱。

② 対流圏の水蒸気の変化

1 大気中の水蒸気

① (❾　　　)…ある温度で一定の体積に含むことができる水蒸気の量には限度があり，**ある温度において含むことができる最大の水蒸気量**。一般に，単位には**グラム毎立方メートル（g/m^3）を使う**。温度が高いほど大きい。

② (⑩　　　　　　)…大気圧中で水蒸気が飽和しているときの水蒸気の圧力。単位は圧力と同じ**ヘクトパスカル（hPa）**で、温度が高いほど大きくなる。

③ (⑪　　　　　　)…ある温度における飽和水蒸気圧（量）に対する、その大気中の水蒸気の圧力（量）の割合。単位はパーセント。
↳ 単に湿度という場合はおもに相対湿度を示す

2 水蒸気の凝結

① (⑫　　　　　　)…飽和水蒸気圧（量）と水蒸気の圧力（量）が等しくなり、大気中に含みきれなくなった水蒸気が凝結して、水滴ができ始める温度。

・右上の図で、30℃の大気 A の露点は、(⑬　　　)℃である。

② 大気中の水蒸気の圧力が、飽和水蒸気圧よりも高い（水蒸気の量が飽和水蒸気量よりも多い）場合でも、水蒸気が凝結しないことがある。このような状態を(⑭　　　　)という。

↑ 気温と飽和水蒸気圧（量）

♣3 水蒸気量と水蒸気圧は比例するので、どちらを使って求めてもよい。

> **重要** **露点（露点温度）**…水蒸気が凝結し、水滴ができ始める温度。

❸ 雲の形成

1 雲のでき方——雲は、一般に(⑮　　　気流)によって形成される。

① 空気塊が上昇すると、まわりの気圧が下がるために、空気塊は(⑯　　　)し、温度が(⑰　　　)。このように、まわりとの熱のやり取りなしに起こる変化を(⑱　　　　)という。

② 空気塊の温度が(⑲　　　　)に達すると水蒸気が、水滴や(⑳　　　)とよばれる氷の小さな結晶となり、雲が発生する。

③ このとき、水蒸気からは(㉑　　　　)が放出される。

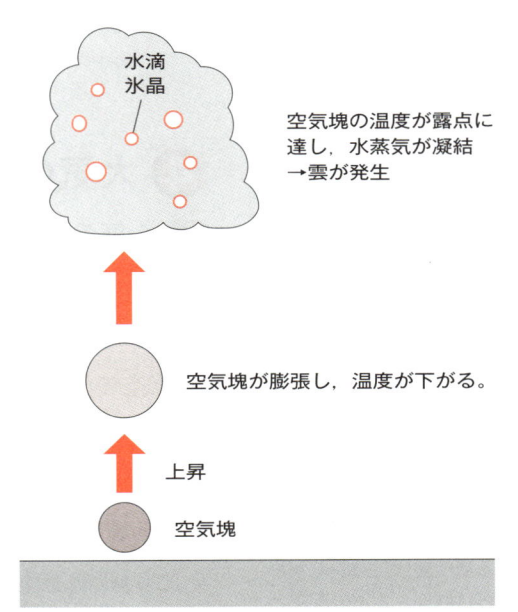

空気塊の温度が露点に達し、水蒸気が凝結
→雲が発生

空気塊が膨張し、温度が下がる。

上昇

空気塊

↑ 雲のでき方

♣4
十種雲形という。

2 雲の種類——雲は，発生する高度や形態から（㉒　　　種類）に分類される。♣4

① 上層の雲…**巻雲**(すじ雲)・**巻積雲**(うろこ雲)・**巻層雲**(うす雲)
② 中層の雲…**高積雲**(ひつじ雲)・**高層雲**(おぼろ雲)・**乱層雲**(あま雲)
③ 下層の雲…**層積雲**(うね雲)・(㉓　　　　)(きり雲)
④ 垂直に発達する雲…(㉔　　　　)(わた雲)・(㉕　　　　)(にゅうどう雲またはかみなり雲)

⇧ 巻雲　⇧ 巻積雲　⇧ 巻層雲　⇧ 高積雲　⇧ 高層雲

⇧ 乱層雲　⇧ 層積雲　⇧ 層雲　⇧ 積雲　⇧ 積乱雲

重要〔雲の種類〕
雲は，発生する高度や形態から **10 種類**に分類される。

❹ 大気の安定と不安定　発展

1 大気の安定

① ある空気塊の温度が周囲の大気の温度よりも高いとき，その空気塊は**自然に上昇**する。
② 上空の気圧は低いので，上昇すると空気塊が膨張する。そのため，**断熱変化して温度が下がる**。
③ このとき，周囲の大気よりももち上げられた**空気塊が冷たくなれば，空気塊は自然にもとの高さに戻る**。♣5
④ この状態を(㉖ **大気の**　　　)といい，空気塊が上昇しづらいので雲は発達しにくい。

♣5
言いかえると，高度による温度差(気温減率)が小さければ，大気の安定となる。

2 大気の不安定

① ある空気塊の温度が周囲の大気の温度よりも高いとき，その空気塊は**自然に上昇**する。

② 上空の気圧は低いので，上昇すると空気塊は膨張する。そのため，**断熱変化して温度が下がる**。

③ このとき，周囲の大気よりももち上げられた**空気塊が暖かければ**♣6，空気塊は上昇しつづける。

④ この状態を（㉗大気の　　　　）といい，空気塊が上昇しやすいので雲が発達しやすい。

♣6 言いかえると，高度による温度差（気温減率）が大きければ，大気の不安定となる。

3 大気の条件つき不安定

① 大気の安定と大気の不安定のちょうど中間では，乾燥した空気塊に対しては安定，湿った空気塊に対しては不安定であるような状態になる。この状態を**大気の条件つき不安定**という。

> **重要** 〔大気の安定と不安定〕
> **大気の安定**…空気塊が上昇しづらく，雲が発達しにくい。
> **大気の不安定**…空気塊が上昇しやすく，雲が発達しやすい。

5 冷たい雨と暖かい雨 【発展】

1 （㉘　　　雨）（氷晶雨）——上空で**氷晶が成長**し，上昇気流では支えきれない大きさになって落下し，**下層でとけて雨となったもの**♣7。**中緯度地域から高緯度地域**で多くみられる。

2 （㉙　　　雨）——氷晶を含まない雲粒が落下するとき，**大きな雲粒が小さな雲粒をとらえて雨粒に成長**して降る雨。**低緯度地域**で多くみられる。

♣7 気温が低くてとけないまま地上に降るものが雪である。

ミニテスト　　　　　　　　　　　　　　　　　　解答 別冊 p.5

- ❶ 水が状態変化するときに，状態変化にともなって出入りする熱を何というか。
- ❷ 大気圧中で水蒸気が飽和しているときの水蒸気の圧力を何というか。
- ❸ 空気塊が上昇し，周囲との熱のやり取りなしに膨張して温度が下がる変化を何というか。
- ❹ 雲は，発生する高度や形態から，何種類に分類されるか。

3 地球のエネルギー収支

❶ 太陽放射

1 太陽放射のエネルギー

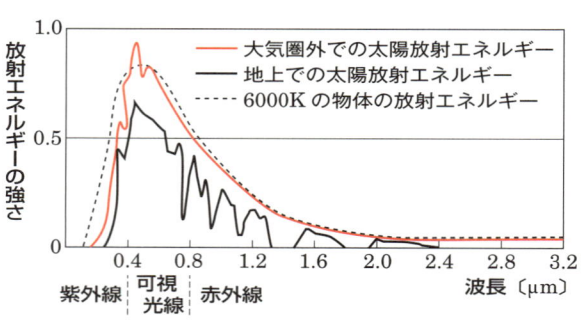

① **電磁波**は，波長が短いものから順に，γ(ガンマ)線，X線，紫外線，可視光線，赤外線，電波に分けられる。
　↪可視光ともいう

② (❶　　　　　)…電磁波のうち，人間の視覚が感じられるもの。

③ 太陽が放つ電磁波を(❷　　　　　)といい，波長でエネルギーが異なる。

④ 太陽放射のうち，最もエネルギーの強い電磁波は，(❸　　　　　)である。♣1

↑太陽放射の波長ごとのエネルギー

♣1 とくに0.5μm付近の波長の光を多く含む。

重要 太陽放射の中で最も強い電磁波は，可視光線である。

2 太陽定数

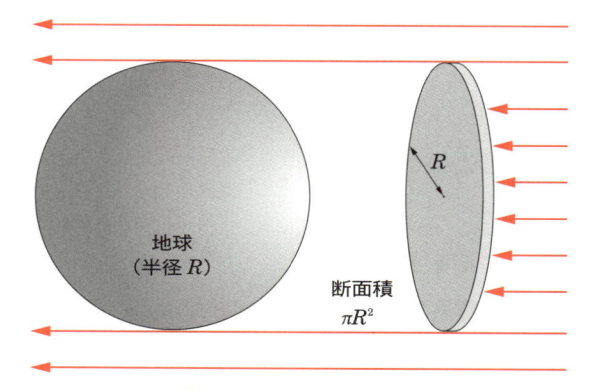

↑地球が受ける太陽放射

① (❹　　　　　)…地球が受ける太陽放射。

② (❺　　　　　)…大気圏の最上部で，太陽放射に垂直な単位面積($1\,m^2$)が単位時間($1\,s$)間に受ける日射量。値はおよそ約1.37(❻　　　　)。♣2

③ 単位時間に地球が受けるエネルギーの総量＝太陽定数×地球の断面積…(1)
という関係が成り立つ。(1)のエネルギー総量を地球の表面積で割れば，地球表面全体の平均の日射量が求められ，約$0.34\,kW/m^2$となる。

♣2 地球と太陽の平均距離は約$1.5\times10^8\,km$だが，季節によってわずかに変化する。そのため，太陽定数も季節によって変わる。

重要 太陽定数…大気圏上部で，$1\,m^2$が1s間に受ける日射量。約$1.37\,kW/m^2$

1章 大気と海洋 | 75

例題研究 地球が受け取る太陽放射エネルギー

単位時間(1s)に地球が受け取る太陽放射エネルギーの量を求め，有効数字3桁で答えよ。ただし，太陽定数を1.37 kW/m²，地球の半径を6400 km，円周率を3.14とする。

▶解き方
太陽定数は，地球と太陽の距離が平均距離(約1.5×10^8 km)であるとき，大気圏の最上部で太陽放射に垂直な単位面積(1 m²)が単位時間(1s)の間に受ける太陽放射エネルギーである。よって，地球全体が1秒間に受け取るエネルギーは，太陽定数に地球の(❼　　　)をかければ求められる。

太陽定数×地球の断面積 = 1.37 kW/m² × 3.14 × ((❽　　　))² m²
　　　　　　　　　　 ≒ 1.76×10^{14} kW …答

❷ 地球のエネルギー収支　出る

1 太陽放射のゆくえ

① 地球に入射する太陽放射は，地表での反射，雲や大気による散乱によって約30％が宇宙空間に戻る。また，全体の約(❾　　％)が大気や雲に吸収されるため，約(❿　　％)が地表に吸収されることになる。
  <small>波長によって散乱されやすさが違うので，空が青色や赤色に見える</small>

② 太陽放射のうち，(⓫　　　)は，ほとんどが熱圏の**酸素**，成層圏の**オゾン層**で吸収される。
  <small>→ p.68　→ p.69</small>

③ 太陽の高度が(⓬　　　)ほど，地表に達する日射量は多い。

④ **アルベド**…入射エネルギーに対する反射されるエネルギーの割合。♣3
  <small>→ 氷河などではアルベドが高い</small>

重要	〔地表が吸収する太陽放射エネルギー〕
	地表が吸収する太陽放射エネルギー…約 **50％**
	大気や雲が吸収する太陽放射エネルギー…約 **20％**
	宇宙空間に反射されるエネルギー…約 **30％**

♣3 入射エネルギーのちょうど30％が反射されたとすると，アルベドは0.30と表せる。地球のアルベドは，正確には**0.31**である。

2 地球からの放射

① (⓭　　放射)…地球から大気圏外に向かう放射。⓭は，波長の長い(⓮　　　)なので，(⓯　　放射)ともよばれる。

② 地球が受け取る(⓰　　放射)エネルギーの合計と，地球が放射する**地球放射エネルギー**の合計収支はつり合っており，地球の平均気温は安定している。

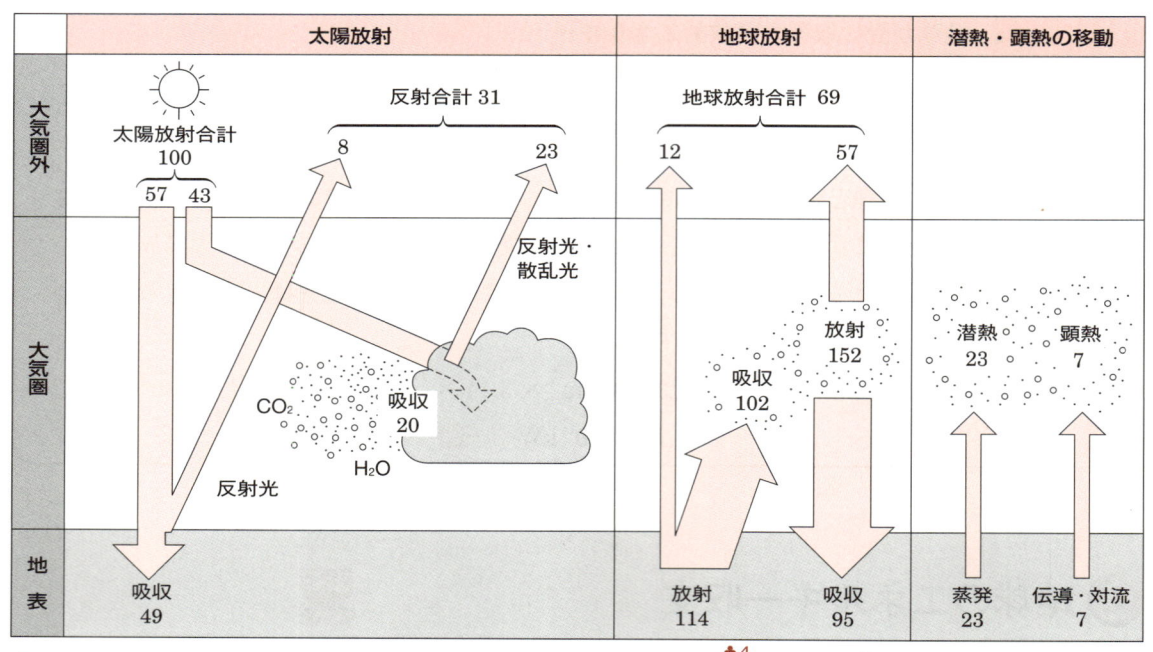

♣4 太陽放射と地球放射の収支（概数） 〔IPCC 4th Assessment Report による〕

♣4 値は資料により異なる。

例題研究　エネルギー収支のつり合い

上の図で，大気圏外，大気圏，地表のそれぞれについてのエネルギー収支を計算し，エネルギー収支がつり合っていることを確かめよ。

解き方

答　大気圏外，大気圏，地表のそれぞれについて，図の中の数値を合計すればよい。

大気圏外：受け取るエネルギー ＝ 31（反射合計）＋ 69（地球放射合計）＝（⑰　　　）

外に出すエネルギー ＝（⑱　　　）

大気圏：受け取るエネルギー ＝ 20（太陽放射の吸収）＋ 102（地球放射の吸収）

＋ 23（潜熱の移動）＋ 7（伝導・対流による移動）＝ 152

外に出すエネルギー ＝ 152（大気による放射）

地　表：受け取るエネルギー ＝ 49（太陽放射の吸収）＋ 95（大気放射の吸収）

＝（⑲　　　）

外に出すエネルギー ＝ 114（地表からの放射）＋ 23（潜熱の移動）

＋ 7（伝導・対流による移動）＝（⑳　　　）

よって，エネルギー収支の合計は大気圏外，大気圏，地表のすべてにおいて 0 であり，エネルギー収支はつり合っている。

重要　〔太陽放射と地球放射の収支〕

地球への太陽放射＝地球放射

3 温室効果

大気は太陽から放射される（㉑　　　）をよく通し，地球から放射される（㉒　　　）をよく吸収する性質がある。このため，地表から放出された赤外放射は宇宙空間に出て行かず，**大気圏下層では熱が蓄積され温度が高くなる**。この現象を（㉓　　　）という。

① **水蒸気・二酸化炭素・メタン**など温室効果を促進する気体をまとめて（㉔　　　ガス）とよぶ。♣5
② 温室効果により，地表は生物の生存に適した温度を保っている。♣6
③ 温室効果ガスである（㉕　　　）の，**石油・石炭の燃焼**などによる増加が，近年の**地球温暖化**の大きな原因とされている。
　↳ 化石燃料とよばれる

♣5 温室効果を最も促進させる温室効果ガスは**水蒸気**である。

♣6 現在，地表の平均温度は**約15℃**である。温室効果ガスがなくなり，温室効果がないとすると，地表の平均温度は約30℃下がると考えられている。

> **重要**
> 〔温室効果〕
> **温室効果**…可視光線をよく通し，赤外線を通しにくい大気の性質による大気圏下層の温度上昇。
> **温室効果ガス**…水蒸気・二酸化炭素・メタンなど

4 放射冷却

① 地表の受ける**太陽放射**は昼と夜で大きく変化する。昼は地球放射よりも太陽放射のほうが多く，夜は太陽放射よりも地球放射のほうが多いので，**夜間には地表の温度が下がる**。♣7 これを（㉖　　　）という。
② 雲や水蒸気の少ない**よく晴れた夜間**には，（㉗　　　）が小さくなるため，気温の低下が大きくなる。

♣7 p.76の図を参考にして考えてみるとよい。

> **重要**
> **放射冷却**…地表からの赤外放射
> 　　　　　＞地表が吸収する日射＋大気からの赤外放射
> 　→地表の温度が低下

ミニテスト　　　　　　　　　　　　　　　　　解答 別冊p.5

□❶ 太陽から放射される電磁波のうち，最も強いものは何か。
□❷ 地球が受ける太陽放射を何というか。
□❸ 大気圏の最上部で，1sあたり1m²の太陽放射に垂直な面が受ける日射量を何というか。
□❹ 地球の地表や大気から放射されるおもな電磁波は何か。
□❺ 地球全体で受け取る太陽放射エネルギーと放出するエネルギーの収支はどのようになっているか。
□❻ 温室効果ガスのうち，おもに石油や石炭の燃焼によって発生するものは何か。

4 大気の大循環

解答 別冊p.6

❶ 熱の輸送とエネルギー収支

1 地域によるエネルギー収支

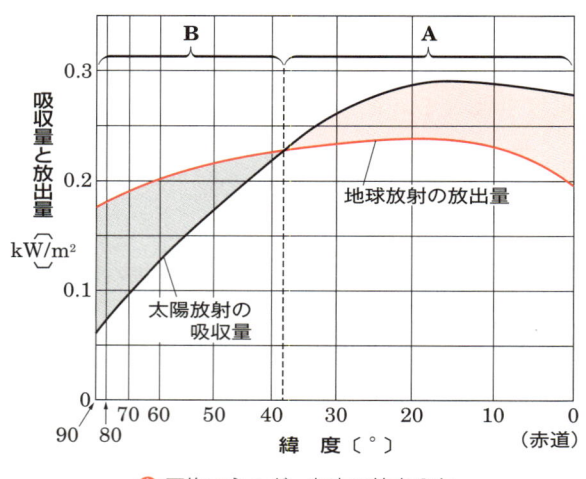

① 大気は地球の周りを循環し、気象の変化の原因となる。**大気の循環のもととなるエネルギーは**（ ❶　　　　　）である。

② 地球全体のエネルギー収支はつり合っているが、**地域ごとではエネルギー収支はつり合っていない。**
→放射平衡という

③（ ❷　　　　　）**緯度地域**では受け取るエネルギーのほうが放出するエネルギーよりも多く、（ ❸　　　　　）**緯度地域**では放出するエネルギーのほうが受け取るエネルギーよりも多い。
♣1 太陽の高度が高い
♣2 太陽の高度が低い

↑平均エネルギー収支の緯度分布

♣1, ♣2
赤道に近い地域を**低緯度地域**、極に近い地域を**高緯度地域**という。

④ 上の図の（ ❹　　　　　）の部分では、**地球が受け取る太陽放射＞地球からの放射**であり、（ ❺　　　　　）の部分では**地球からの放射＞地球が受け取る太陽放射**である。
↑AまたはB
↑AまたはB

2 熱の輸送

① エネルギー収支がつり合っていない地域では、気温が上がり続ける、または下がり続けることになるが、実際には、**ある程度一定の気温に保たれる。**

② 熱が、エネルギーが過剰な**低緯度地域**からエネルギーが不足している**高緯度地域**に向かって輸送されるので、気温はほぼ一定に保たれる。

③ 熱の輸送は、おもに**大気の流れ、海水の流れ、大気中の**（ ❻　　　　　）の流れが担っている。
♣3

♣3
大気の大循環(→ p.80)は、熱の輸送に大きな役割をはたしている。

> **重要**
> 〔緯度によるエネルギー収支〕
> **低緯度地域…エネルギー過剰**
> **高緯度地域…エネルギー不足**
> 熱の輸送…大気の流れ、海水の流れ、大気中の水蒸気の流れによって生じる。

❷ 大気にはたらく力

1 大気にはたらく力

大気にはたらき，風をつくるもとになる力は，(⑦　　　)の差による力，地球の(⑧　　　)による力などの合力である。
→くわしくはこのページ下の「風の発生」を参照

2 気圧の差による力

① 同じ平面では，気圧が(⑨　　　)ほうから(⑩　　　)ほうに向かって空気塊(くうきかい)に力がはたらく。♣4

② 気圧の差による力は，等圧線に(⑪　　　)な方向にはたらく。これは，**2地点間の気圧の差が最も大きくなる方向**である。

③ 等圧線の**間隔が狭いほど**，力は(⑫　　　)なる。♣5

> **重要** 〔気圧の差と大気にはたらく力〕
> **気圧が高いほうから低いほうに向かって，等圧線に垂直な方向に力がはたらく。**

3 地球の自転による力

① 地球表面を移動する物体を地球上にいる人が観察すると，地球の
→右の図のように，回転する円盤上でボールを放つことを考えるとわかりやすい
(⑬　　　)によって，物体の進行方向が曲がるように見える。

② このことは，地上にいる人にとって，**物体の進行方向を曲げる見かけの力がはたらいている**と考えることができる。

③ この力は高緯度地方ほど大きく，赤道でははたらかない。

> **重要** 〔地球の自転と大気にはたらく力〕
> **地球の自転によって，移動する物体の進行方向を曲げるような向きの，見かけの力がはたらく。**

♣4
気圧の高いほうから低いほうに向かって風が吹くのは，このためである。

♣5
2地点間の距離が同じであれば，等圧線の間隔が狭いほど気圧の差が大きいことになり，気圧の差が大きいほどはたらく力は大きい。

止まった人(A)の視点

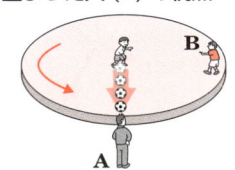

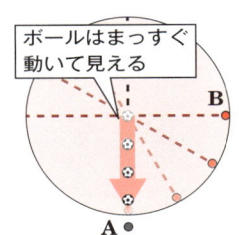

ボールはまっすぐ動いて見える

回転する台の上にいる人(B)の視点

ボールは曲がって動くように見える

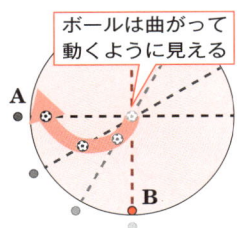

⬆ 自転による力

❸ 風の発生　　発展

1 大気にはたらく力の向き

①(⑭　　　)…気圧の差によって空気塊にはたらく力。等圧線に垂直方向に，気圧の高いほうから低いほうに向かってはたらく。

②(⑮　　　)(コリオリの力)…地球の自転によって，地表面を移動する物体にはたらく見かけの力。物体の進行方向に対して，**北半球では直角(⑯　　　)向き，南半球では直角左向き**にはたらく。

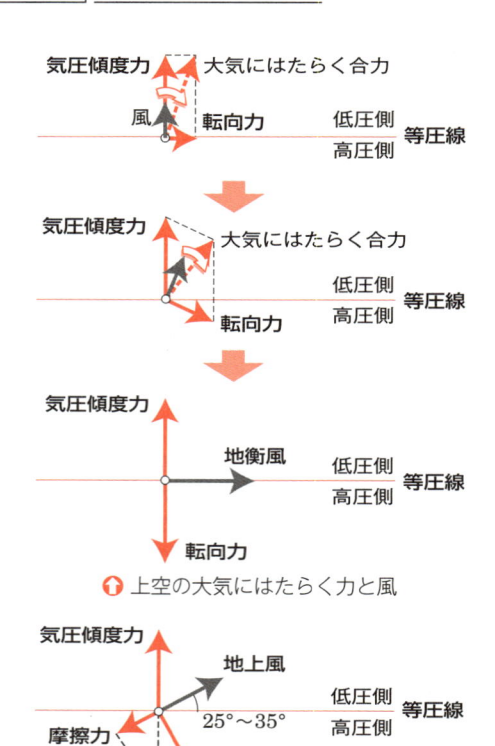

2 大気にはたらく力と風の向き

大気に**転向力**がはたらくことで、風の吹く向きが変化する。

① 高度1000 mよりも上空で大気にはたらく力は、おもに**気圧傾度力**と**転向力**である。

② 気圧傾度力によって空気が加速して風ができると、北半球では**進行方向に対して右向きの転向力**を受け、風向きが変化する。

③ 長距離を進む風は、最終的に**気圧傾度力と転向力がつり合った状態**になる。このとき、風向きは**等圧線に平行**となる。このような風を、(⑰　　　)という。

④ **地表付近**では、気圧傾度力と転向力に加えて**地表との摩擦力**もはたらく。そのため、風は等圧線と一定の角度をなして、高圧側から低圧側に向かって吹く。このような風を**地上風**という。
（→風と逆向きにはたらく）

↑上空の大気にはたらく力と風

↑地上の大気にはたらく力と風

❹ 大気の大循環

1 地球全体の大気の流れ
——低緯度地域から高緯度地域に熱を輸送する、地球規模の空気の流れを(⑱ **大気の**　　　)という。

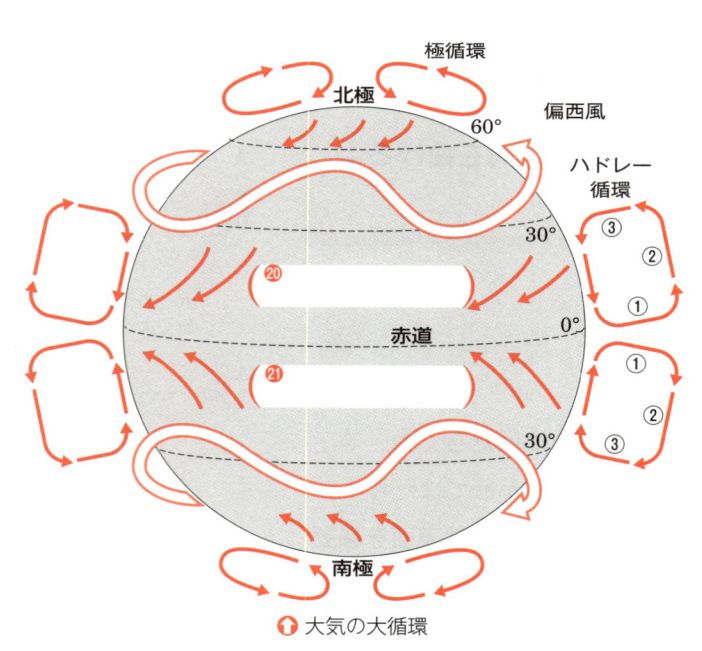

2 (⑲　　　**風**)
（→偏東風ともいう）
——緯度30°付近から赤道に向かって吹く東よりの風。

① 赤道で上昇した大気が上空で高緯度に向かい、地球の(㉒　　　)により(㉓　　　風)となる。

② この大気の多くが緯度20～30°付近で下降して(㉔　　　**高圧帯**)を形成するが、一部は亜熱帯高圧帯から赤道に向かい、地球の自転によって(㉕　　　)よりの風となる。この風が**貿易風**である。

③ 北半球では(㉖　　　貿易風)、南半球では(㉗　　　貿易風)が吹く。

↑大気の大循環

④ (㉘　　　　　　　)（赤道収束帯）…北東貿易風と南東貿易風が収束するところ。

⑤ (㉙　　　　循環)…赤道付近で上昇した空気が緯度20～30°まで移動して下降し，さらに地上で赤道付近まで移動する大気の大規模な対流運動。低緯度地域で，貿易風を生じさせる。

> **重要**
> 〔ハドレー循環〕
> **貿易風**…緯度30°付近から赤道に向かって吹く，東よりの風。
> **ハドレー循環**…赤道で上昇，緯度20～30°付近で下降する。低緯度地域で，**貿易風**を形成する。

3 (㉚　　　　　　)——中緯度地域で，地表付近から上空までに吹く西よりの風。緯度30～40°，圏界面(対流圏界面)付近で風速は最大となる。

① (㉛　　　　　　)…特に強い帯状の**偏西風**。♣6

② 偏西風は南北に蛇行しており，(㉜　　　緯度地域)の熱を(㉝　　　緯度地域)に輸送している。

♣6 風速は100m/sに達することもある。

> **重要**
> **偏西風**…中緯度地域で吹く，西よりの風。蛇行しながら吹く。

4 **極偏東風**——極地域で冷やされた空気が下降し，南下する際に地球の自転によって東よりに吹く風。**極循環**を形成する。

5 **偏西風波動** 〔発展〕

南北に蛇行しながら吹いている偏西風の流れを(㉞　　　　　　)という。㉞によって，低緯度から高緯度への**熱の輸送**が効率的に行われている。

ミニテスト　〔解答 別冊 p.6〕

- ❶ 太陽放射から受け取るエネルギーが過剰となるのは，低緯度地域か，高緯度地域か。
- ❷ 同じ平面で，2地点にある空気塊に力がはたらくのは，2地点の気圧に差があるときか，ないときか。
- ❸ 気圧の差によりはたらく力は，等圧線に対してどのような方向にはたらくか。
- ❹ 地球上を移動する物体の進行方向を曲げようとする見かけの力は，地球の何によって生じるか。
- ❺ 緯度30°付近から赤道に向かって吹く，東よりの風を何というか。
- ❻ 低緯度地域の鉛直方向の大規模な大気の対流運動を何というか。

5 海洋の構造と海流

❶ 海洋の構造

1 海水の成分

塩　類	化学式	塩類中の質量比(‰)
塩化ナトリウム	NaCl	779
塩化マグネシウム	$MgCl_2$	96
硫酸マグネシウム	$MgSO_4$	61
硫酸カルシウム	$CaSO_4$	40
塩化カリウム	KCl	21
その他		3
合　計		1000

↑ 塩類の組成

① 海水にとけている成分は、ほとんどが**塩類**である。
② (❶　　　　)…水1kgにとけている塩類の質量。単位(❷　　　　)（記号‰）で表す。たとえば、1kgの水に0.025kgの塩類がとけていれば、2.5% = 25‰と表せる。
→この表し方を千分率という
③ 海水の塩分は約35‰で、その中で最も多い成分は(❸　　　　)である。また、❸に次いで(❹　　　　)が多く含まれている。
→組成式NaCl
→組成式MgCl
④ 海水の塩類の組成は、**場所や深さにかかわらずほぼ一定**である。

重要 海水の塩分…約 35 ‰

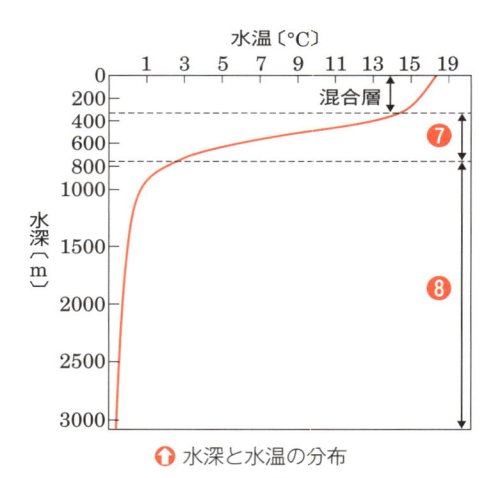

2 海水の温度と層構造

↑ 水深と水温の分布

① **混合層（表層混合層，表水層）**…海洋の表層部分。太陽放射の影響が大きいため、**水温は比較的高い**。よく混合されるので、緯度や場所による違いが(❺　　　)く、深さでの温度差は(❻　　　　)。
② (❼　　　　)…混合層の下の**水温が深さとともに急激に低下する層**。
③ (❽　　　　)…水温躍層（主水温躍層）の下の、水温が低く、深さでの水温変化がほとんどない層。

重要 〔海水の層構造〕
混合層（表層混合層，表水層）
　…水温は高く，深さによる水温の変化はほとんどない。
水温躍層（主水温躍層）…深さで水温が急激に変化する。
深層…低温で，深さによる水温の変化はほとんどない。

❷ 海水の循環

1 水平方向の海水の循環

① (⁹　　　　)…海洋の表層において，一定の向きに流れる，水平方向の海水の流れ。

② 海流は，風の影響を受け，貿易風帯では(ⁱ⁰　　　から　　　)，偏西風帯では(¹¹　　　から　　　)へ向かう流れを形成する。

③ 海上の風や地球の自転などにより生じる水平方向の海水の循環は，**風成海流**（ふうせい）ともよばれる。 ♣1

♣1 風による海流という意味である。

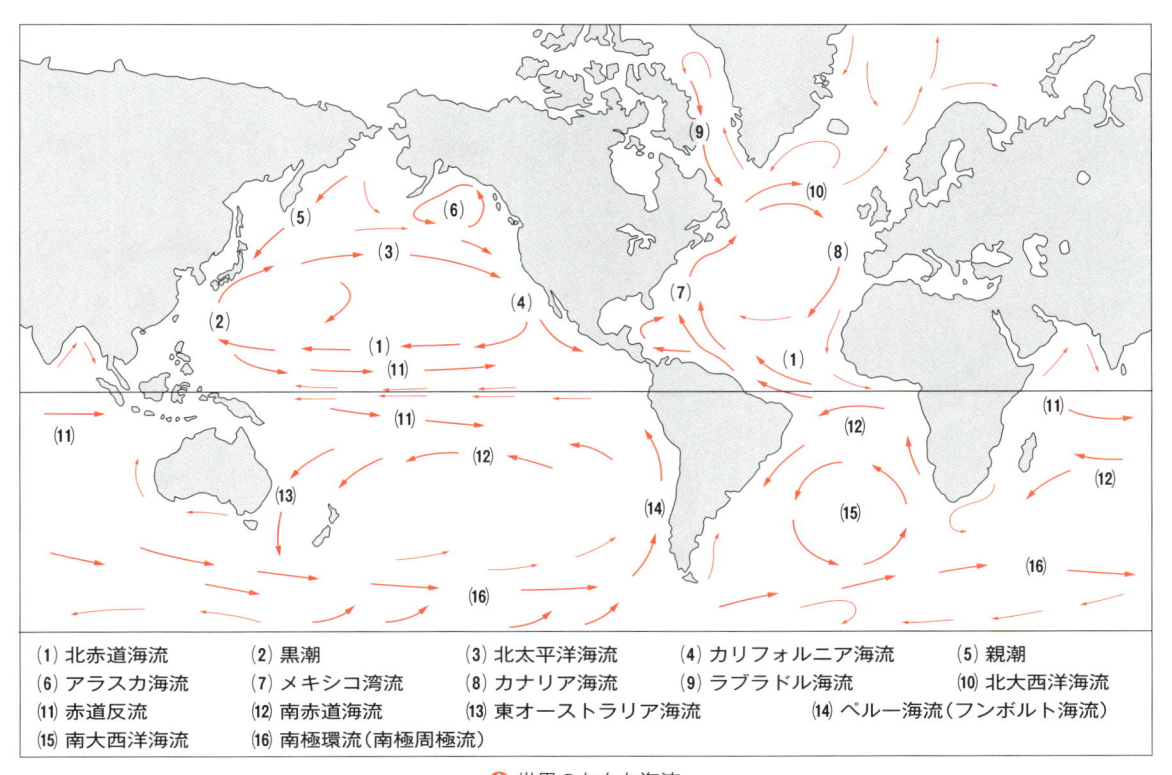

④ (¹²　　　　)…大規模な円を描くように循環する海流。北半球では(¹³　　回り)，南半球では(¹⁴　　回り)に，円を描くように循環する。北太平洋，南太平洋などに見られる。
　↳ 下図(1)→(2)→(3)→(4)の流れ

(1) 北赤道海流　(2) 黒潮　(3) 北太平洋海流　(4) カリフォルニア海流　(5) 親潮
(6) アラスカ海流　(7) メキシコ湾流　(8) カナリア海流　(9) ラブラドル海流　(10) 北大西洋海流
(11) 赤道反流　(12) 南赤道海流　(13) 東オーストラリア海流　(14) ペルー海流（フンボルト海流）
(15) 南大西洋海流　(16) 南極環流（南極周極流）

⬆ 世界のおもな海流

重要

〔海流〕

海流の向き…貿易風帯は東から西，偏西風帯は西から東。

環流（かんりゅう）…大規模な円を描くように循環する海流。

2 鉛直方向の海水の循環

① 海水が表層から深部に向かう流れの原因は，**水温や塩分の違いによる**，海水の（⑮　　　）の差である。　→ 風成循環(p.83)に対して熱塩循環という

♣2 同じ塩分であれば，水温の低い海水のほうが水温の高い海水よりも**密度が大きい**。同じ水温であれば，**塩分の大きい海水のほうが塩分の小さい海水よりも密度が大きい**。

② 極周辺で海水が凍るとき，水の部分だけが凍るため，塩類は海水に残され，**海水の塩分は増大する**。水温が低いこともあわせて海水の密度は（⑯　　　）なり，深部に沈み込み，深層の流れとなる。　→ とけている塩類の濃度(p.82)

③ **北極付近で沈み込んだ海水は赤道をこえて南半球に向かう**。やがてこの海水が南半球から北半球に戻ると上昇し，表層の流れとなる。

④ さらに長い時間をかけて再び極付近で沈み込む。

⑤ このような，**地球規模の鉛直方向の循環**を（⑰　　　）という。深層循環の流れは海流にくらべて遅く，1回の循環に **1000 年以上**と考えられている。この循環は，**コンベア・ベルト**ともよばれる。　→ コンベアー・ベルトと書くこともある

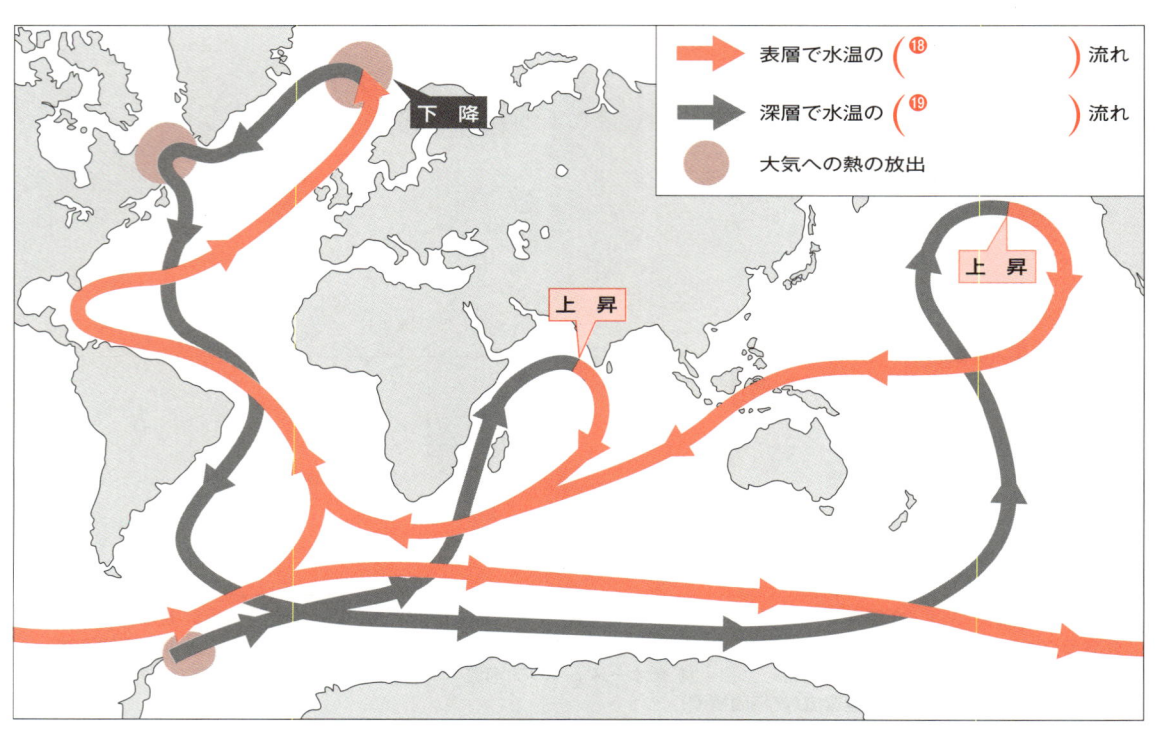

凡例：
→ 表層で水温の（⑱　　　）流れ
→ 深層で水温の（⑲　　　）流れ
● 大気への熱の放出

↑ 深層循環の模式図　　（IPCC 3rd Assessment Report による）

重要
〔海水の深層循環〕
深層海流…密度が大きい海水が深層に沈み込んで生じる。
1000 年以上かけて，地球全体の海洋を循環する。

③ 海洋と気候

1 海洋と熱
① 海岸付近の地域では，昼夜や季節による寒暖の差が(⑳　　　　)。これは，**海水が陸地に比べて暖まりにくく冷めにくい**ためである。
② **大気の大循環**と同様に，海水の循環も(㉑　　　緯度地域)から(㉒　　　緯度地域)に熱を輸送している。
③ 北半球では，沿岸を(㉓　　　　)からの海流が流れている場合は温暖な気候となる。このような海流を一般に**暖流**という。
④ 同様に，沿岸を(㉔　　　　)からの海流が流れている場合は寒冷な気候となる。このような海流を一般に**寒流**という。

2 日本周辺を流れる海流
日本列島周辺では，太平洋側には北から**親潮**と，南から(㉕　　　潮)が流れており，日本海側には北から**リマン海流**，南から**対馬海流**が流れている。
① **黒潮**…フィリピン東方で発生し，日本では沖縄から本州にかけての太平洋側を流れる**暖流**で，北太平洋の環流の一部をなす。水温が(㉖　　　　)，透明度が高い。
　↳ 日本海流ともいう
② **親潮**…オホーツク海付近で発生し，日本では千島列島から本州にかけての太平洋側を流れる**寒流**。水温が(㉗　　　　)，海水中にプランクトンが多いので透明度が低い。
　↳ 千島海流ともいう

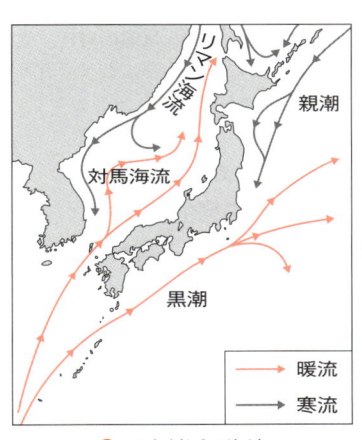

↑ 日本付近の海流

3 (㉘　　　　現象)——太平洋の赤道付近の海面水温分布が平年と異なり，**東太平洋の赤道付近で表層の海水温が上がる現象**。
① エルニーニョ現象は，何らかの原因で(㉙　　　　)が弱まることにより数年に1度発生する。
② エルニーニョ現象が起こると，異常気象が発生しやすくなり，日本の気候にも影響を与える。

ミニテスト　　　　　　　　　　　　　　　　　　　　　　解答 別冊p.6

□❶ 海洋の表層部分で，水温が高く，深さによる水温の変化がほとんどない層を何というか。
□❷ 水平方向にほぼ一定の方向に流れている海水の流れを，何というか。
□❸ 北半球で見られる環流の循環方向は，時計回りか，反時計回りか。
□❹ 極付近で海水が深層に沈み込むのは，海水の何が大きいためか。
□❺ 1000年以上の時間をかけて，地球規模で海洋の深層を循環する流れを何というか。
□❻ エルニーニョ現象は，何という風が弱まることによって発生するか。

1章 大気と海洋　練習問題

解答　別冊p.13

❶ 〈大気の層構造〉
▶わからないとき→p.66〜69

大気圏について次の文を読み，あとの問いに答えよ。

① 高度とともに気温は低下し，大気圏中で最も気温が低い部分が現れる。
② 大気中の水蒸気のほとんどが存在し，さまざまな気象現象が起こっている。
③ 高度とともに気温は上昇し，オーロラや流星が生じる。
④ 高度約 11 km から約 50 km までの層で，気温が高度とともに上昇する。

(1) ①〜④の文にあてはまる大気圏の層の名称をそれぞれ答えよ。
(2) ①〜④の大気圏の層を地表から近い順に並べ，記号で答えよ。
(3) 下線部の原因となる，高さ 15〜30 km に存在する層を何というか。

ヒント (1) 大気圏の層は，気温変化のようすで分けられている。
(3) 生物にとって有害な紫外線を吸収する層。

❶
(1)①
②
③
④
(2)　→　→
　→
(3)

❷ 〈対流圏と気象〉
▶わからないとき→p.70〜73

雲の発生について，次の問いに答えよ。

(1) 状態変化の過程で熱を放出するものを，次のア〜ウから選べ。
　　ア 凝結　イ 蒸発　ウ 融解
(2) 状態変化で吸収・放出する熱を何というか。
(3) 飽和水蒸気圧(量)は，温度が高くなるとどのように変化するか。
(4) ある空気塊が露点に達したとき，その空気塊の相対湿度は何 % か。
(5) 空気塊が断熱的に上昇するとき，①，②はどのように変化するか。
　①空気塊の体積
　②空気塊の温度
(6) 雲を分類する基準の組み合わせとして正しいものを，次のア〜ウから選べ。
　　ア 生じる高度・生じる季節　イ 生じる高度・雲の形態
　　ウ 生じる季節・雲の形態

ヒント (4) 大気中の水蒸気圧(量)＝飽和水蒸気圧(量)となっている状態。

❷
(1)
(2)
(3)
(4)
(5)①
　②
(6)

❸ 〈地球のエネルギー収支〉
▶わからないとき→p.74〜77

太陽放射について，次の問いに答えよ。

(1) 次の電磁波を，波長の短い順に並べ，記号で答えよ。
　　ア 紫外線　イ 赤外線　ウ 可視光線
(2) 太陽定数の値として正しいものを，次のア〜ウから選べ。
　　ア 0.0137 kW/m^2　イ 1.37 kW/m^2　ウ 137 kW/m^2
(3) 太陽放射のうち地表が吸収する割合に最も近いものを，次のア〜ウから選べ。
　　ア 20 %　イ 50 %　ウ 90 %

❸
(1)　＜　＜
(2)
(3)
(4)

(4) 太陽放射と地球放射について正しいものを，次のア～ウから選べ。
ア 地球全体では，太陽放射のほうが地球放射よりもはるかに多いため，地球の平均気温は毎年上昇している。
イ 赤道付近では，受け取る太陽放射よりも地球放射によって放出するエネルギーのほうが多い。
ウ 地球全体では，太陽放射と地球放射のエネルギーは1年を通してほぼつり合っている。

ヒント
(1) 波長が長い電磁波ほど赤く見える。
(3) 宇宙空間に戻る割合，大気や雲が反射する割合を除いたものとなる。
(4) エネルギー収支がつり合っていない場合，気温は上がり続けるか，または，下がり続けることから考える。

4 〈大気の大循環〉 ▶わからないとき→p.78～81
次の文が正しければ〇，誤っていれば×で答えよ。
(1) 気圧の差によってはたらく力は，等圧線と平行な方向にはたらく。
(2) 地表を移動する物体の進行方向を曲げようとする見かけの力は，地球の公転によって生じる。
(3) 亜熱帯高圧帯から赤道に向かって吹く東よりの風を貿易風という。
(4) 低緯度地方で，貿易風を生じる原因となる大規模な大気の対流運動をジェット気流という。
(5) 偏西風は，南北に蛇行しながら西から東に向かって吹いている。
(6) ハドレー循環は，低緯度地方での鉛直方向の大気の循環である。

ヒント
(2) 地表で移動する物体に影響を与える地球の運動を考える。
(4) 大規模な大気の対流運動がキーワードである。

4
(1) _____
(2) _____
(3) _____
(4) _____
(5) _____
(6) _____

5 〈海洋の構造と海流〉 ▶わからないとき→p.82～85
海水の循環について，次の問いに答えよ。
(1) 次の海水の層を深いところにある順に並べ，記号で答えよ。
ア 混合層（表層混合層，表水層）
イ 深層
ウ 水温躍層（主水温躍層）
(2) 深層循環のはじまりと考えられている，海水が深層に沈み込む地域として正しいものを，次のア～ウから選べ。
ア 赤道付近　イ 極付近　ウ 中緯度地域
(3) 日本列島の周辺を流れる海流として誤っているものを，次のア～ウから選べ。
ア 北大西洋海流　イ リマン海流　ウ 対馬海流

ヒント
(1) ア，イは深さによる水温の変化がほとんどない層である。
(2) 密度が高い海水が生じる地域を考える。

5
(1) ____ → ____ → ____
(2) _____
(3) _____

2章 地球環境と災害

1 日本の気象

解答 別冊 p.6

シベリア気団（冷・乾）
オホーツク海気団（冷・湿）
揚子江気団（暖・乾）
小笠原気団（暖・湿）

※揚子江気団は長江気団ということもある。また、気団に含めないこともある。

↑ 日本付近の気団

♣1, ♣2
日本では，夏に太平洋側から日本海側に向けて，冬にはその逆向きに吹く。

❶ 気団と季節風

1 気団——広い大陸や海洋に存在する，気温や湿度などの性質が似た空気の塊のこと。地上の高気圧と対応することが多い。

2 季節で変わる風——季節によって向きが逆転する風を，季節風または（① 　　　　）という。海の気温が変化しづらいことが原因。
　　　　　　　　　　　　　　　　　　　　↳ 陸地にくらべて，海は暖まりにくく冷めにくい(p.85)

① 夏…大陸の温度のほうが高いため大気が上昇し，海洋よりも気圧が低くなるので，（② 　　　から　　　）に吹きこむ風が吹く。♣1

② 冬…大陸の温度のほうが低いため大気が下降し，海洋よりも気圧が高くなるので，（③ 　　　から　　　）に吹き出す風が吹く。♣2

❷ 冬から春の気象

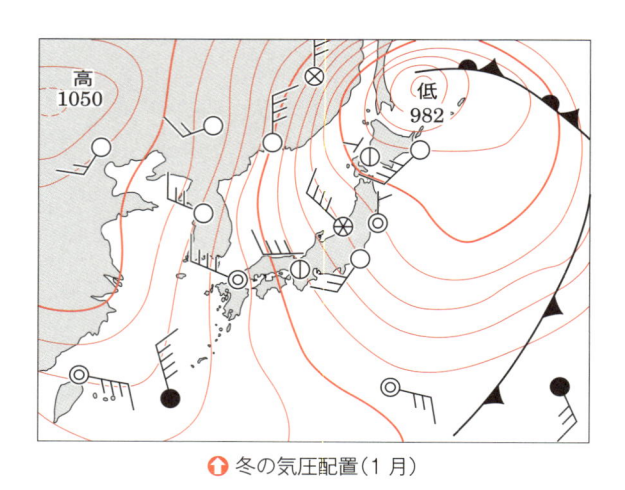

↑ 冬の気圧配置（1月）

1 冬の気象

① 大陸に（④ 　　　　高気圧），日本の東海上に低気圧が発達して（⑤ 　　　型）の気圧配置となり，（⑥ 　　　　）の季節風が吹く。

② 日本列島へ向かう大陸からの冷たく乾燥した空気は，（⑦ 　　　　）をわたる際に海面から（⑧ 　　　　）を補給する。

③ 大陸からの空気は，**日本の中央の山脈を越えるとき**（⑨ 　　　気流）となって，日本海側に雪や雨をもたらす。
　　　　　　　　　　↳ 湿った空気から雲が発生する

④ 日本の中央の山脈を越えた空気は，（⑩ 　　　気流）となって太平洋側に向かうため，**太平洋側では乾燥した好天が続く**。

> **重要** 〔冬の気象〕
> 西高東低の気圧配置…北西の季節風。
> 日本海側では降雪・降雨，太平洋側では乾燥した晴天。

2章 地球環境と災害 | 89

2 春の気象

① 西高東低型の気圧配置がくずれて南からの暖かい空気と大陸の冷たい空気が衝突し，(⑪ 低気圧)が急速に発達する。
　→前線をともなう

② (⑫ 　　　　)…立春（2月4日ごろ）以後最初に吹く，南よりの強い風。温帯低気圧に向かって，南よりの暖かく強い風が吹き込むために生じる。
　→南東～南西の風

③ 春のあらし（メイストーム）…4月から5月にかけて，温帯低気圧が発達し日本付近を通過するときに発生する，全国的に荒れた天気。温帯低気圧にともなう，(⑬ 　　　　前線)の周辺で発生しやすい。♣3

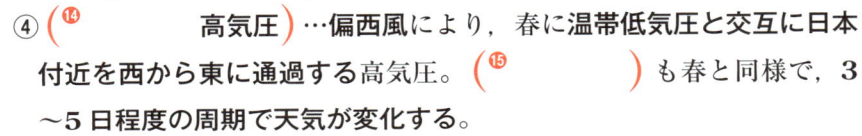

④ (⑭ 　　　　高気圧)…偏西風により，春に温帯低気圧と交互に日本付近を西から東に通過する高気圧。(⑮ 　　　　)も春と同様で，3～5日程度の周期で天気が変化する。

⑤ 移動性高気圧の通過によって夜間に晴れると強い(⑯ 　　　　)が起こり，遅霜などが発生することがある。
　p.77

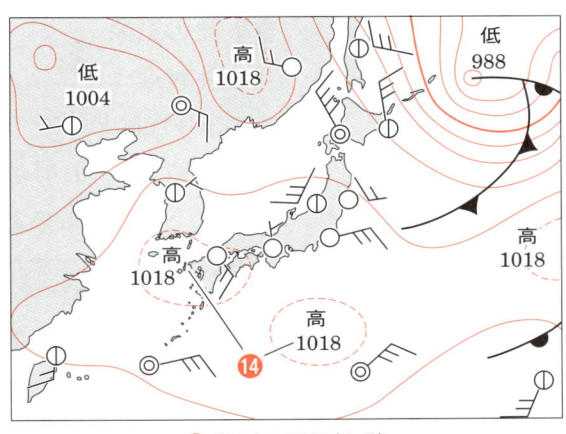

↑春の気圧配置（4月）

♣3
寒冷前線の通過後には，激しい雨が短時間降り，気温は低下する。そして，風向は北よりに変化する。

♣4
北太平洋高気圧は，北太平洋に広がる高気圧で，夏には日本付近まで拡大する。日本付近まで広がった部分を，小笠原高気圧ともいう。

重要 〔春の気象〕
温帯低気圧，移動性高気圧が通過…短い周期で天気が変化。

❸ 夏から秋の気象 出る

1 梅雨

① 北の(⑰ 　　　　　高気圧)と，勢力を強める北太平洋高気圧（小笠原高気圧）♣4との間に，停滞前線である(⑱ 　　　　)が発生する。

② 梅雨前線に向かって，高温多湿の空気が(⑲ 　　　　)の方角から流れ込み，6月から7月ごろにかけて降水が続く。

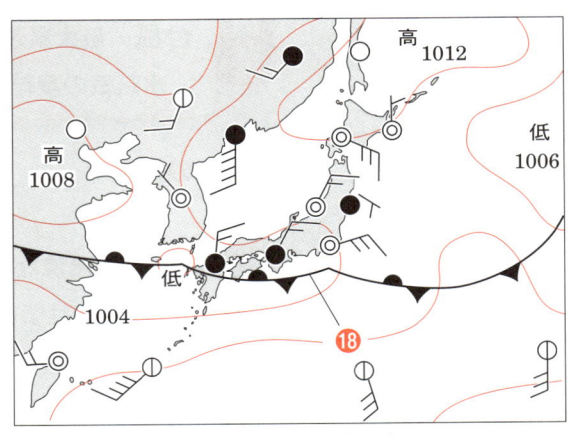

③ 7月になると梅雨前線は北上して弱まり，梅雨明けとなる。

↑梅雨の気圧配置（6月）

重要 **梅雨前線…オホーツク海高気圧と北太平洋（小笠原）高気圧の間に発生する停滞前線。**

2 夏の気象

① 日本付近は（⑳　　　　高気圧）におおわれ（㉑　　　　型）の気圧配置となる。

② よく晴れて，日射が強く蒸し暑い日が続く。

③ 暖められた空気によって上昇気流が起こり，**積乱雲**が発達する。 → p.72

> **重要** 〔夏の気象〕
> **北太平洋（小笠原）高気圧の発達…南高北低の気圧配置。**

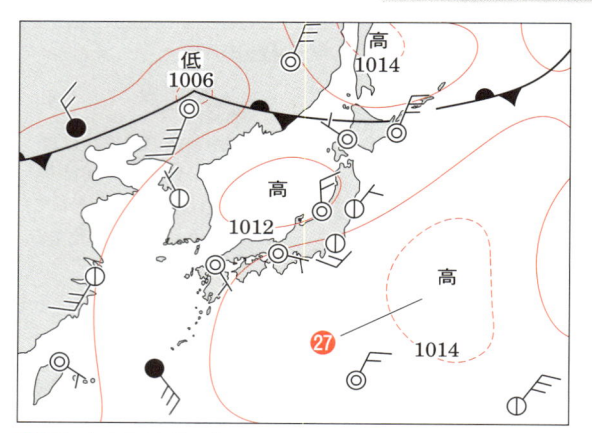

↑ 夏の気圧配置（8月）

3 台風
——北太平洋西部の海上で発生した（㉒　　　　）のうち，最大風速が約（㉓　　　m/s）を超えるもの。低気圧の渦で，発達した積乱雲を伴う。 前線をともなわない

① 対流圏下層で（㉔　　　回り）に空気が吹き込み，上層で（㉕　　　回り）に空気が吹き出す。

② 台風のエネルギー源は，水蒸気が凝結するときに放出される（㉖　　　）である。

③ 台風の進路…（㉗　　　高気圧）の西の縁を回り北上し，中緯度地域で（㉘　　　）によって，北東に進路を変える。8〜9月には㉗の勢力が弱まるため，台風の進路が日本列島に重なることが多い。

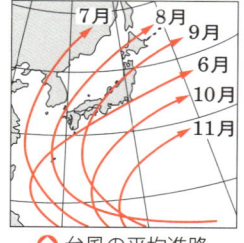

↑ 台風の平均進路

♣5 この時期の気圧配置は**春の気圧配置**（→ p.89）と似ている。

> **重要** 台風…最大風速約 17 m/s 以上の熱帯低気圧。
> 水蒸気の凝結で放出される潜熱がエネルギー源。

4 秋の気象

① （㉙　　　）…勢力が弱まった**北太平洋高気圧（小笠原高気圧）**と大陸からの冷涼な高気圧の間に発生する前線で，秋雨をもたらす。

② 秋雨前線は10月頃に南下し，温帯低気圧と（㉚　　　　　）がつぎつぎと通過するため，**天気は周期的に変化**する。 ♣5

❹ フェーン現象 発展

1 （㉛　　　現象）——湿った空気が山を越えたときに，**風下側の温度が高くなる現象**。日本列島では，太平洋側の空気が高い山脈を越えて**日本海側に吹き込むときに発生**しやすい。

2 乾燥断熱減率——乾燥した空気塊が断熱状態で上昇するときの,温度が下がる割合。約 **1.0 ℃/ 100 m**。

3 湿潤断熱減率——水蒸気で飽和した空気が断熱状態で上昇するときの,温度が下がる割合。水蒸気が凝結するときに放出する**潜熱**の分,乾燥した空気塊よりも温度の下がり方は小さい。約 **0.5 ℃/ 100 m**。

4 フェーン現象の例

下図の風上側 A で 20 ℃ の飽和していない空気塊が山頂 C を越え,風下側の山麓 D に吹き下りる場合を考える。雲は B 地点で発生した。

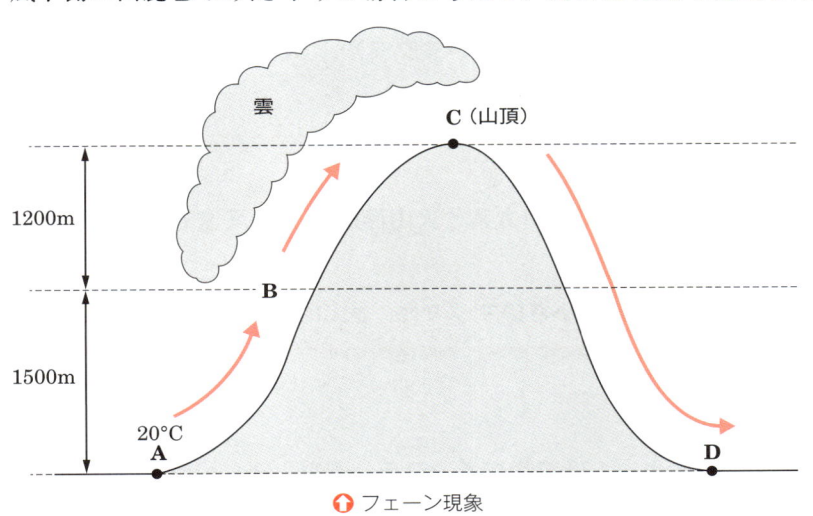

♣6 水蒸気で飽和した空気では,水蒸気が凝結する際に潜熱を放出するので,潜熱の分だけ温度が上がることになる。乾燥断熱減率と湿潤断熱減率の差が潜熱による温度上昇にあたると考えればよい。

↑ フェーン現象

① A → B…空気塊の温度は**乾燥断熱減率にしたがって下降**するため,B での空気塊の温度は,

20.0 ℃ − (㉜　　　 m) × 1.0 ℃/ 100 m = 5.0 ℃

② B → C…B で露点に達した空気塊の温度は**湿潤断熱減率にしたがって下降**するため,C での空気塊の温度は,

5.0 ℃ − 1200 m × (㉝　　　 ℃/ 100 m) = − 1.0 ℃

③ C → D…B → C で雪や雨を降らせ,C から吹き下りる空気塊の温度は**乾燥断熱減率にしたがって上昇**するため,D での空気塊の温度は,

− 1.0 ℃ + 2700 m × 1.0 ℃/ 100 m = (㉞　　　 ℃)

♣7 風下側の山麓では,風上側の山麓よりも**気温が上昇**し,また,山頂を越える前に雪,雨として水蒸気が放出されたため乾燥した空気となっている。

ミニテスト　　　　　　　　　　　解答 別冊 p.6

- ❶ 日本で冬にみられる気圧配置を何型というか。
- ❷ 冬の季節風はどの方角から吹くか。
- ❸ 春や秋に,温帯低気圧と交互に日本付近を通過する高気圧を何というか。
- ❹ 暖かく湿った風が何という停滞前線に吹き込むことによって梅雨になるか。
- ❺ ❹の前線は,北太平洋(小笠原)高気圧と何という高気圧の間にできるか。
- ❻ 日本で夏にみられる気圧配置を何型というか。
- ❼ 台風のエネルギー源は,水蒸気が凝結する際に放出される熱である。この熱を何というか。

2 日本の自然災害と防災

解答 別冊 p.6

❶ 日本の自然災害

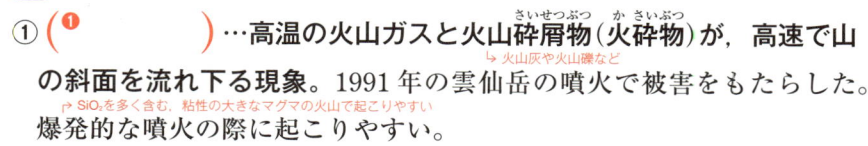

1 火山災害

① (① 　　　　)…高温の火山ガスと火山砕屑物（火砕物）が，高速で山の斜面を流れ下る現象。1991年の雲仙岳の噴火で被害をもたらした。爆発的な噴火の際に起こりやすい。
　↳ 火山灰や火山礫など
　↳ SiO_2を多く含む，粘性の大きなマグマの火山で起こりやすい

② (② 　　　　)…粘性の小さいマグマが，火口から流れ下る現象。1983年の三宅島の噴火で被害をもたらした。
　↳ SiO_2をあまり含まない

↑ 火砕流

重要
〔火山災害〕
火砕流…高温の火山ガスと火山砕屑物が，高速で山腹を流れ下る現象。
溶岩流…粘性の小さいマグマが，火口から流れ下る現象。

2 地震災害

① **揺れ**…揺れによって建築物やインフラの倒壊，地すべりなどが起こる。
② **火災**…道路や消火栓などのインフラが破壊されて消火が間に合わず，大規模な火災が発生する。1923年9月1日の(③ 　　　 地震)では，地震後の火災による被害が甚大であった。
　↳ 関東大震災をもたらした
③ (④ 　　　　)…地震にともなう海底の大規模な隆起・沈降によって発生する波。海岸に近づくほど速さは遅くなるが，高さは高くなる。2011年3月11日の(⑤ 　　　 地震)，2004年のスマトラ島沖地震で大規模なものが発生し，大きな被害をもたらした。
　↳ インドネシア　　↳ 東日本大震災をもたらした
④ (⑥ 　　　 現象)…地震の揺れによって，砂層や泥層の粒子の結合がゆるみ，液体のようにふるまう現象。河川沿いや埋め立て地で発生しやすい。

↑ 液状化現象による被害

♣1 津波の周期は数十分，波長は数百kmにも達する。浅い海底で起こった地震で発生することが多い。海岸付近で地震の強い揺れを感じたときは，ただちに高いところに避難することを心がける。

♣2 1995年1月17日の兵庫県南部地震や東北地方太平洋沖地震では，大きな被害をもたらした。

重要
〔地震災害〕
揺れによる建物の倒壊・地すべり・大規模火災
津波…海底の隆起・沈降によって発生する大波。
液状化現象…地震の揺れによって，地盤が液体のようにふるまう現象。

3 気象災害

① 季節の変化がはっきりとしており，年間の気温の変化が比較的大きい日本では，**季節に特有の気象災害**が発生しやすい。

② **冬から春**…冬には強い（⑦　　　　）の季節風が吹き，日本海をわたる寒気は（⑧　　　　）をもたらすことがある♣3。春に吹く強い（⑨　　　　風）は**海難事故**や**雪崩**を発生させる。

③ **梅雨**…6月ごろに発生する**停滞前線**である（⑩　　　　前線）が**集中豪雨**の原因となる♣4。（⑪　　　　高気圧）の勢力が衰えない場合，寒気が**冷害**をもたらすことがある。

④ **夏から秋**…8〜9月ごろ日本列島に接近する（⑫　　　　）によって，例年暴風雨の被害が発生している。**台風の風**や，**気圧低下により海面が上昇する**（⑬　　　　）の被害も発生する。また，停滞前線である（⑭　　　　前線）による**集中豪雨**の被害が発生する♣5。

> **重要**
> 〔日本の気象災害〕
> 冬…**大雪（豪雪）**　　春…**強風・雪崩**
> 梅雨…**集中豪雨・冷害**
> 夏から秋…**台風による暴風雨・高潮**

♣3 大陸からの風が**日本海を越えるとき**に水蒸気を補給し，日本列島中央の山脈を越えるときに上昇気流となり雲が発生する。

♣4, ♣5 台風が梅雨前線や秋雨前線に暖かくて湿った空気を供給して，激しい豪雨となることもある。

② 災害と防災

1 防災と減災

① （⑮　　　　）…災害に備えることで，**被害を防ぐ**こと。
② （⑯　　　　）…事前に対策を立て，**被害を最小限にとどめる**こと。完全な防災は難しいので，⑯の考え方が注目されている。

2 火山の観測

① （⑰　　　　）…過去1万年以内に噴火したか，現在活動している火山。日本には**110個**ある。
　↳数は変動する可能性がある
② **常時観測火山**…噴火によって被害の出る可能性がある47の活火山で，**地震の観測**，**GPS**や**傾斜計**などを用いた**地殻変動**の観測を行い，つねに監視している。
　↳2009年に選定された
　↳人工衛星による位置測定システムのひとつ
③ 2000年の**有珠山**，**三宅島**の噴火ではある程度の噴火予測に成功し，被害を最小限に食い止めることができた♣6。

⬆ 日本のおもな火山

♣6 本格的な噴火が始まる前に三宅島の全島民への避難指示が出された。この指示は，活動のおさまった2005年に解除された。

3 地震への対策

① 地震の予知は難しいため、発生後の対策が重要である。地震の観測と監視を防災に役立てる試みが続けられている。
② 日本の1000か所以上に設置された（⑱　　　）や、GPS・傾斜計などを用いた**地殻変動**の観測が行われている。
③ （⑲　　　）♣7…P波の観測データから、S波の到着による激しい揺れの可能性を知らせる仕組み。
   ↳ P波はS波よりも早く到達する(p.20)

♣7 **直下型地震**のように、P波到着からS波到達までの時間が短い地震については対応が難しいなどの課題もあるが、ガスの遮断や列車の緊急停止など、**防災に役立っている**。

4 気象の観測

① さまざまな気象観測による膨大なデータを**スーパーコンピュータ**が処理し、より精度の高い予報が目指されている。♣8
② （⑳　　　）…無人で自動的に気象観測を行う、気象庁の**地域気象観測システム**。**気象レーダー・気象衛星**などとともに、精度の高い予報に貢献している。
   ↳ Automated Meteorological Data Acquisition System の略
③ （㉑　　　）…気象災害のおそれがある場合に、気象庁から発表される警告。災害のおそれの大きさにより、**特別警報、注意報**となることもある。**暴風・大雨・大雪・洪水**など災害の種類に対応している。

♣8 予報精度の向上により、気象災害の被害は減少しつつある。例えば台風では、**20世紀後半以降被害が減少し**、1980年以降は、1つの台風における死者が100人を超えたものはない。

> **重要**　〔気象観測〕
> **アメダス・気象レーダー**などによる観測が行われている。
> **特別警報・警報・注意報**…災害のおそれの大きさに応じて気象庁が発表する警告。

5 災害への備え

① （㉒　　　）…災害時に危険な場所や、被害状況の予想、避難経路などを記載した**防災のための地図**。富士山火山防災マップなどが有名。
   ↳ 防災マップともいう
② **2000年の有珠山の噴火**では、事前の㉒の作成が、被害を最小限にとどめる要因となった。

↑ 雨量計

ミニテスト　　　　　　　　　　　　　　　　　　　　　　解答 別冊 p.7

□❶ 高温の火山ガスと火山砕屑物が、高速で山の斜面を流れ下り、災害をもたらす現象を何というか。
□❷ 地震による海底の隆起・沈降によって発生し、大きな被害をもたらす大波を何というか。
□❸ 8～9月ごろ日本に接近することが多く、暴風雨の被害をもたらす低気圧を何というか。
□❹ 事前に対策を立て、災害が起こったときの被害を最小限にとどめることを何というか。
□❺ 災害の発生に備えて被害規模の予想などを記載した、防災のための地図を何というか。

3 地球環境の変化と人間

① 地球の自然環境

1 地球システム
① (❶   )（気圏）…地球を取りまく気体部分。
② 水圏…海洋など，液体の水からなる部分。
③ 雪氷圏…氷河や海氷など，固体の氷からなる部分。
④ 岩石圏（地圏）…地殻やマントルからなる部分。

2 地球環境の変化の規模——地球規模で起こる現象にはさまざまな規模のものがある。この規模を測る，時間の長さ・空間の広がりを表す尺度を(❷   )という。
① 時間的なスケール…エルニーニョ現象と，氷期・間氷期のサイクルの時間的なスケールを比較すると，エルニーニョ現象のほうが時間的なスケールは(❸   )。
② 空間的なスケール…断層の形成と，プレートの移動では，プレートの移動のほうが空間的なスケールは(❹   )。
③ 時間的なスケールが大きい現象ほど空間的なスケールも大きい傾向がある。

♣1 時間的なスケールの例では，小さい順に，雷雨＜台風＜季節変化＜氷河の形成と衰退＜超大陸の出現と消滅となる。

♣2 空間的なスケールの例では，小さい順に，結晶の晶出＜火山の噴火＜プレートの移動＜マントル対流となる。

3 エルニーニョ現象・ラニーニャ現象
① (❺   現象)…数年に1度，赤道太平洋東部の海面水温が上昇する現象。(❻   )が弱まることにより発生する。
② エルニーニョ現象が発生すると，日本では夏の(❼   高気圧)の勢力が弱まり，梅雨明けの遅れや冷夏となり，台風の発生数が(❽   )する。冬は暖冬となることが多い。
③ (❾   現象)…エルニーニョ現象とは反対に，赤道太平洋東部の海面水温が低下する現象。貿易風が強まることによって発生する。
④ ラニーニャ現象が発生すると，日本では夏は暑く，冬は寒くなる傾向がある。

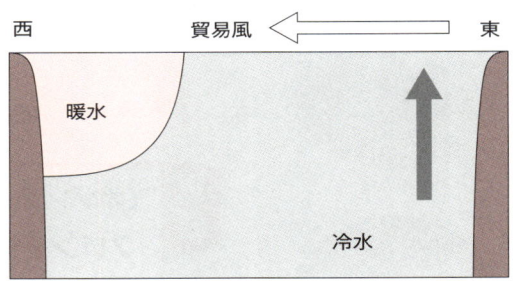

↑ 平年の状態

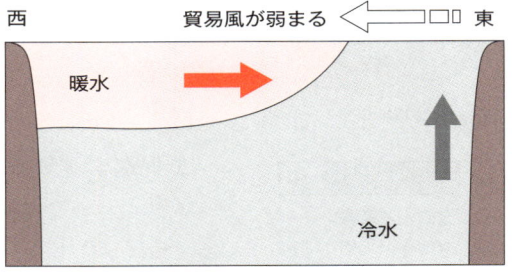

↑ エルニーニョ現象発生時

❷ 地球環境と人間

⒈ 自然の恵み

① (⑩   資源)の恵み…すべての生物の生存、人類が食糧をつくる農業に不可欠である。日本は豊富な⑩に恵まれているが、災害の原因ともなる。

② (⑪   )…鉄、銅、アルミニウムなど私たちの生活にとって重要な**金属資源が濃集している場所**。現在採掘されている鉄のほとんどの⑪は、**先カンブリア時代**(隠生代、隠生累代)に堆積した鉄を起源とする(⑫   )である。

③ (⑬   )…**石炭・石油・天然ガス**など、古代の生物の遺骸が変化してできた**有機物**。有限であり**枯渇のおそれがあるため**、それにかわるエネルギー資源が模索されている。

⒉ オゾン層の破壊

① (⑭   )…成層圏の高さ約 15〜30 km にあたる、**オゾン**(O_3)を多く含む層。生命に有害な**紫外線**を吸収し、地表に届くことを防ぐ。

② (⑮   )…1980年代以降観測されるようになった、**南極上空のオゾンの濃度が極端に低い部分**。♣3

③ (⑯   )…オゾン層破壊の大きな原因と考えられている物質。かつて冷蔵庫やスプレー缶などに広く使われていたが、1980年代後半から製造や使用が規制された。

④ 成層圏では、太陽からの(⑰   )によりフロンから分離した(⑱ 原子)がオゾンを分解するはたらきをもつ。
　　　　　　　　　　　　　　　　　　　↳化学式 Cl

> **重要** 〔オゾン層の破壊〕
> **フロン→紫外線により塩素原子が分離→オゾン層の破壊**

⒊ 地球温暖化——地球全体の平均気温が上昇する傾向。最近100年間で著しい。

① (⑲   )…二酸化炭素や水蒸気のように、**温室効果**を促進する気体。地表からの熱放射を再吸収し、**宇宙空間に出ていく**(⑳ 線)を減らすはたらきがある。

② (㉑ 濃度)の上昇…**化石燃料の燃焼**により発生している。地球温暖化の一因と考えられている。

♣3
9〜10月ごろに発生し、現在は毎年観測されている。**フロン使用の規制が**行われるようになり、オゾン層破壊の状況は改善されているが、オゾンホールがなくなるまでには50年以上かかると考えられている。

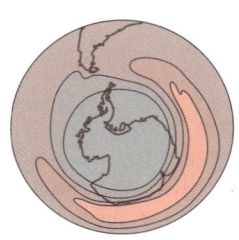

1981年

1997年

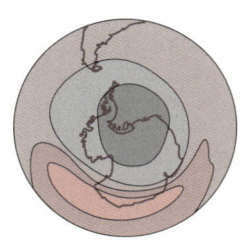

2013年

多 ▨▨▨▨▨ 少
オゾン濃度
(NASA Ozone Watch による)
↑ 南極のオゾン濃度の変化

③ **IPCC（気候変動に関する政府間パネル）**[4]では，気候に関する研究成果や将来の予測を数年おきに発表し，各国が環境政策の参考としている。

♣4 地球の環境を研究，予測する国際機関で，2007年の第四次報告書においては，今後も地球温暖化は進行するであろうと警告している。

> **重要**
> 〔地球温暖化〕
> 二酸化炭素濃度の上昇→宇宙空間に出る地球放射の減少
>   →気温の上昇

❸ 地域的な環境問題

1 酸性雨

① （㉒　　　）…pH 5.6 以下の雨。雨水には（㉓　　　　　）がとけ込み，ふつうは弱酸性である。

② 化石燃料の燃焼により生じる**硫黄酸化物**（化学式はまとめて SO_x）や，自動車の排ガスなどに含まれる**窒素酸化物**（化学式はまとめて NO_x）が雨水にとけ込み，雨水が酸性になると考えられている。土壌や湖沼の酸性化をもたらし，森林や魚類にも影響を与える。

2 さまざまな環境問題

① （㉔　　　）…地表に植生のない不毛な乾燥地になる現象[5]。過剰な放牧や灌漑，森林伐採など**人間の活動によるものが大半**である。

② **水質汚染**…工場，家庭などの排水で河川や湖の水の汚染がすすんだが，日本では近年，下水処理施設の整備によって改善されている。

③ （㉕　　　）…自動車の排ガス，工場の排煙などにより，都市部や工業地域の大気に有害物質が含まれるようになった。日本では近年，排煙装置の改良などにより改善されている。

④ （㉖　　　現象）…人口集中による大量の熱の放出，建築物の蓄熱などにより，**都市部の気温が周辺に比べて高くなる現象**[6]。都市部の等温線をかくと，島のように周囲から浮かんでみえる。

⑤ **環境問題の広域化**…酸性雨，大気汚染のように，ある地域で発生した環境問題は，**国境を越え広い範囲に広がることがあり**，各国が協力して防止対策を考える必要がある。

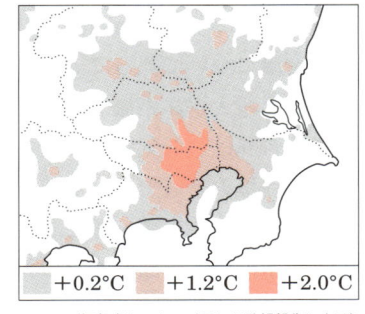

♣5 いったん砂漠化した土地の回復には，1000年単位の時間がかかる。

♣6 地表近くの気温が上昇すると，上部との気温差によって対流が起こり上昇気流が発生する。そのため，局地的な**集中豪雨**，**雷雨**が発生することがある。

■ +0.2℃　■ +1.2℃　■ +2.0℃
〔気象庁ヒートアイランド監視報告による〕
↑ 都市による気温上昇

ミニテスト　　　　　　　　　　　　　　　　　　　　　　　　　　　解答 別冊 p.7

□❶ 南極上空のオゾン濃度が極端に低い部分を何というか。

□❷ 貿易風が強まることにより，赤道太平洋東部の海面水温が低下する現象を何というか。

□❸ 温室効果の原因となる，二酸化炭素や水蒸気のような物質をまとめて何というか。

□❹ pH 5.6 以下の雨を何というか。

2章 地球環境と災害　練習問題

解答 別冊p.13

1 〈日本の気象〉
▶わからないとき→p.88〜91

次の季節の気象の説明として正しいものを，あとのア〜カからそれぞれすべて選べ。

(1) 冬の気象　(2) 春の気象　(3) 夏の気象

ア　移動性高気圧が日本付近を通過する。
イ　北西の季節風が吹く。
ウ　北太平洋(小笠原)高気圧の勢力が強くなる。
エ　西高東低型の気圧配置となる。
オ　西高東低型の気圧配置がくずれ，温帯低気圧が急速に発達する。
カ　南高北低型の気圧配置となる。

ヒント　まず，夏と冬の気圧配置の特徴に注目する。

1
(1) ＿＿＿
(2) ＿＿＿
(3) ＿＿＿

2 〈梅雨と台風〉
▶わからないとき→p.89〜90

日本の気象について，次の問いに答えよ。

(1) 梅雨をもたらす前線は，何という高気圧の間にできるか。2つとも答えよ。
(2) 梅雨前線は，何という前線に分類されるか。次のア〜ウから選べ。
　　ア　寒冷前線　イ　閉塞前線　ウ　停滞前線
(3) 梅雨前線に吹き込んで降水をもたらす風について正しいものを，次のア〜ウから選べ。
　　ア　高温で多湿の南東からの風。
　　イ　低温で多湿の北東からの風。
　　ウ　高温で多湿の南西からの風。
(4) 台風について誤っているものを，次のア〜ウから選べ。
　　ア　北西太平洋の海上で発生した熱帯低気圧をすべて台風とよぶ。
　　イ　台風は，低気圧の渦であり，発達した積乱雲を伴う。
　　ウ　台風の下層では，反時計回りに空気が吹き込んでいる。
(5) 台風のエネルギー源として正しいものを，次のア〜ウから選べ。
　　ア　水蒸気と周囲の物質の化学反応により放出される熱。
　　イ　水蒸気が凝結するときに放出される熱。
　　ウ　水が蒸発して水蒸気になるときに放出される熱。
(6) 日本付近での台風について正しいものを，次のア〜ウから選べ。
　　ア　北太平洋(小笠原)高気圧の西の縁を回るように北上する。
　　イ　日本付近で，偏西風の影響により進路を北西に変える。
　　ウ　8〜9月に発生する台風が日本に接近することはほとんどない。

ヒント　(3) 6〜7月ごろであること，雨をもたらす風であることから考える。
　　　　　(6) 偏西風の風向に注目する。

2
(1) ＿＿＿
　　＿＿＿
(2) ＿＿＿
(3) ＿＿＿
(4) ＿＿＿
(5) ＿＿＿
(6) ＿＿＿

❸ 〈日本の自然災害と防災〉 ▶わからないとき→p.92〜94

次の文の空欄にあてはまる語を答えよ。

日本ではさまざまな自然災害が発生する。1991年の雲仙・普賢岳の噴火では，高温の火山ガスと火山砕屑物による（ ① ）が被害をもたらした。また，1983年の三宅島の噴火では，粘性の小さなマグマが火口から流れ下る（ ② ）の被害が発生した。

日本列島はプレートの境界に位置し，地震が多発する場所でもある。地震の揺れによって砂層や泥層の地盤は，液体のようにふるまうことがあり，この現象を（ ③ ）という。震央が海底にあり，地震によって海底の大規模な隆起・沈降が起こると（ ④ ）が発生し，沿岸部に大きな被害をもたらす。1923年の関東地震のように，地震そのものよりも地震後に発生した（ ⑤ ）の被害のほうが大きい場合もある。

季節の変化がはっきりしている日本では，季節に特有の自然災害も多発する。冬に日本海側に大雪をもたらすのは（ ⑥ ）の方角からの季節風である。梅雨の時期の梅雨前線や秋に発生する（ ⑦ ）前線は，大雨の原因となる。

これらの災害の発生をおさえることを（ ⑧ ）というが，完全な⑧は困難であり，災害が発生したときに被害を最小限にとどめる（ ⑨ ）のとりくみが広がっている。災害時に避難場所などを確認するための地図である（ ⑩ ）の作成などは，⑨としての代表的な施策である。

ヒント
⑥ 日本海と日本列島の位置関係を考える。
⑦ 秋にできる停滞前線である。

❹ 〈地球環境の変化と人間〉 ▶わからないとき→p.95〜97

地球環境について，次の問いに答えよ。

(1) オゾン層の破壊の原因となる物質を，次のア〜ウから選べ。
　ア　二酸化炭素　　イ　フロン　　ウ　二酸化硫黄

(2) 地球温暖化の原因として正しいものを，次のア〜ウから選べ。
　ア　二酸化炭素濃度の上昇　　イ　貿易風の弱まり
　ウ　過剰な灌漑

(3) エルニーニョ現象が発生すると，日本の気象にどのような影響があるか。正しいものを，次のア〜ウから選べ。
　ア　夏は暑く，冬は寒くなることが多い。
　イ　7月〜9月の台風の発生数が増加することが多い。
　ウ　梅雨明けが遅れ，冷夏となりやすい。

(4) ヒートアイランド現象が最も発生しやすい場所を，次のア〜ウから選べ。
　ア　沿岸部　　イ　都市部　　ウ　山間部

ヒント
(2) エルニーニョ現象の原因，砂漠化の原因と区別する。
(4) 局地的に熱が放出されやすい場所を選ぶ。

第2編 物質循環と気象 定期テスト対策問題

時間▶▶▶30分
合格点▶▶▶70点
解答▶別冊p.14

1
右図は，地球を取り巻く大気圏の層構造を模式的に示したものである。これについて，下の各問いに答えよ。

〔問1・2…各2点，問3…3点，問4…3点　合計26点〕

問1 図の①～⑥の層や境界面の名称を答えよ。

問2 図の①，②，③，⑥にあてはまる特徴を，次のア～エからそれぞれ選べ。

ア　大気圏中の最低気温から，高度が上がるにつれて気温が上昇する。
イ　気象の変化がみられ，気温は平均して100mにつき約0.65℃ずつ減少する。
ウ　高度が上がるにつれて気温は減少し，上端では大気圏中で気温が最低となる。
エ　太陽からの紫外線を吸収する層があり，高度が上がるにつれて気温は少しずつ上昇する。

問3 図の①で発生する，大気中の酸素や窒素が発光する現象を何というか。

問4 図の④に関連して，近年観測されるようになったオゾンホールとはどのようなものか。簡潔に説明せよ。

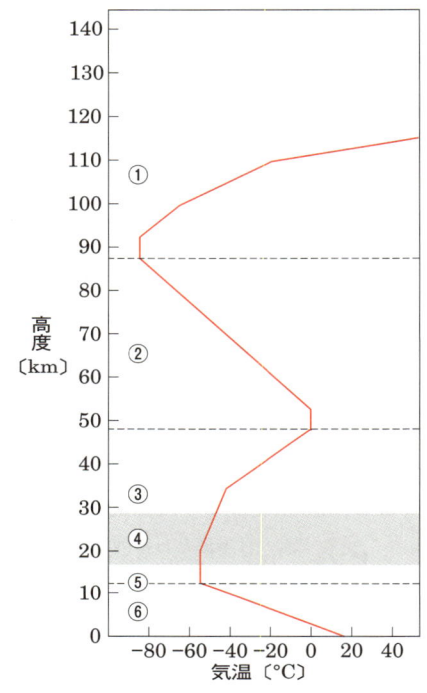

問1	①	②	③	④	⑤	⑥
問2	①	②	③	⑥	問3	
問4						

2
大気の循環について，次の各問いに答えよ。

〔各4点　合計28点〕

問1 貿易風は，①北半球，②南半球において，どちらの方角から吹くか。それぞれ8方位で答えよ。

問2 赤道で上昇した空気が下降する緯度20～30°の領域を何というか。

問3 ハドレー循環を説明した，次の文の空欄にあてはまる語を答えよ。
　ハドレー循環とは，（　①　）緯度地域における大気の（　②　）運動である。

問4 偏西風は蛇行しているが，蛇行することによって低緯度地域の何を高緯度地域に輸送しているか。

問5 北半球と南半球に吹く貿易風が収束する部分を何というか。

問1	①	②	問2	
問3	①	②	問4	問5

3 海水の循環について、次の各問いに答えよ。
〔問1・2…各4点, 問3…各3点　合計22点〕

問1　次の文にあてはまる海流の名称を、下のア～オから選べ。
(1) 日本列島の太平洋側沿岸を、南から北に向かって流れる海流。
(2) 北半球の大西洋で、メキシコ湾流、カナリア海流とともに環流を形成する海流。
(3) 日本列島の太平洋側を、北から南に向かって流れる海流。
　ア　北大西洋海流　　イ　南大西洋海流　　ウ　親潮　　エ　黒潮　　オ　リマン海流

問2　海水が北極、南極付近から深層へ沈み込んで地球規模で形成される大循環を何というか。

問3　海水が北極、南極付近で沈み込むのは海水の密度が高いためである。この地域で海水の密度が高い理由を2つ、簡潔に説明せよ。

問1	(1)		(2)		(3)		問2	
問3	・							
	・							

4 災害と気象について、次の各問いに答えよ。
〔問1・2・6…各3点, 問3・4…各2点, 問5…4点　合計24点〕

問1　地震によって発生する液状化現象について説明した次の文の、空欄にあてはまる語句を答えよ。
　（　①　）を多く含む砂層や泥層が、地震の揺れによって（　②　）のように振るまう現象。

問2　地震によって発生する津波について正しいものを、次のア～ウから選べ。
　ア　津波は湾の奥までは届かないので、津波が押し寄せたときには湾の奥に避難すれば安全である。
　イ　津波は沿岸部に近づくほど、高さは高くなる。
　ウ　おおむね5000 km以上離れた外洋で発生した津波の影響を受けることはない。

問3　冬の日本列島にもたらされる大雪について、次の各問いに答えよ。
(1) 大陸に何という高気圧が発生することが原因か。
(2) (1)の高気圧によって、どの方角からの季節風が吹くか。8方位で答えよ。

問4　次の(1), (2)の各季節に、日本に大雨をもたらす原因となる停滞前線の名称を答えよ。
(1) 夏のはじめ　　(2) 秋

問5　台風は、8～9月頃日本に近づく進路をとることが多い。このような進路をとる理由を、「北太平洋高気圧」という語を用いて簡潔に説明せよ。なお、北太平洋高気圧には小笠原高気圧が含まれている。

問6　化石燃料の燃焼によって発生する二酸化炭素や大気汚染物質が直接的な原因となる環境問題の組み合わせとして正しいものを、次のア～エから選べ。
　ア　放射能汚染, オゾンホール　　イ　酸性雨, オゾンホール
　ウ　地球温暖化, 酸性雨　　　　　エ　地球温暖化, オゾンホール

問1	①		②		問2	
問3	(1)	(2)	問4	(1)		(2)
問5				問6		

1章 太陽系と太陽

1 太陽系の天体

❶ 太陽系の概観

1 (①　　　)――太陽と太陽のまわりを公転する天体，太陽に影響を受ける天体によって構成される領域。
　① (②　　　)…太陽のまわりを公転する天体のうち，大きな8つ。
　② (③　　　)…惑星のまわりを公転する天体。
　③ 小惑星や彗星，太陽系外縁天体などの小天体も含まれる。

2 太陽系の距離の単位――太陽と地球の平均距離は約1.5億kmで，この長さを1 (④　　　) という単位で表す。
　↳英語で Astronomical Unit（A.U.）

♣1 天体が他の天体のまわりを回ることを公転という。

♣2 8つの惑星の公転の方向はすべて同じで，円に近い楕円軌道を描いて公転している。

❷ 太陽系の惑星

1 惑星――太陽に近いほうから，(⑤　　　)・(⑥　　　)・地球・(⑦　　　)・(⑧　　　)・(⑨　　　)・天王星・海王星。

2 (⑩　　惑星)――太陽に近い水星・金星・地球・火星。表面はおもに岩石で，半径は小さく密度は大きい。

3 (⑪　　惑星)――太陽から遠い木星・土星・天王星・海王星。表面はガスで，半径は大きいが密度は小さい。

♣3 天体がこまのように回ることを自転という。

比較項目	地球型惑星	木星型惑星
半径	小さい	大きい
質量	小さい	大きい
密度	⑫	⑬
表面	岩石	ガス
自転周期	長い（1～243日）	短い（0.41～0.72日）
偏平率	小さい	大きい
衛星数	少ない	多い
リング（環）	⑭	⑮
大気組成	二酸化炭素，窒素など	水素，ヘリウムなど

① **巨大ガス惑星**…木星型惑星のうち，木星と土星。非常に半径が大きく，密度が小さい。
　↳ガスの密度が小さいため

② **巨大氷惑星**…木星型惑星のうち，天王星と海王星。半径や密度は地球型惑星と巨大ガス惑星の中間である。表面をおおうガスの層の下には，厚い氷の層があり，さらに中心部は岩石と氷でできていると考えられている。
　↳水やアンモニア，メタンが主成分の固体

◯ 地球型惑星と木星型惑星

❸ 地球型惑星

1 水星
① **最も太陽に近い惑星**。昼間は高温，夜間は低温である。
② (⑯　　　　　　　)…表面に小天体が衝突した跡である地形。
③ 表面に気体や液体がほとんど存在しないため，地形は侵食されずに残っている。

2 金星
① 地球とほぼ同じ大きさであるが，逆向きに自転している。
② (⑰　　　　　　　) を主成分とする**大気をもち**，気圧は地球の約90倍である。　　↳化学式 CO_2
③ (⑱　　　　　　　) を主成分とする厚い雲におおわれている。　　↳化学式 H_2SO_4
④ 大気や雲による強い (⑲　　　　　　　) により**表面温度が高く**，460℃に達する。　　↳p.77

3 地球
① 太陽系で唯一**海をもつ天体**で，生命の生息に適している。
② (⑳　　　　) は，地球型惑星の衛星で最も大きい。
　　↳地球の唯一の衛星(p.105)

4 火星
① **自転周期**，**自転軸の傾き**が地球と似ており，昼夜の変化，1年を通じて (㉑　　　　) の変化がある。
② (㉒　　　　　　　) を主成分とする大気をもつが，気圧は地球のおよそ170分の1である。
③ 水は固体の状態で存在しており，かつては液体の水も存在していたと考えられている。
④ 表面には小天体が衝突した跡である (㉓　　　　　　) や火山，峡谷などの地形が見られる。

♣4 太陽系の中で**最も小さい惑星**であり，地球の次に密度が大きい。

♣5 他の惑星は，公転の向きと自転の向きが同じであるが，**金星は公転の向きと自転の向きが反対**である。

♣6 非常に薄い雲などの気象現象も見られる

♣7 極付近には，ドライアイスや固体の水でできていると考えられている**極冠**が見られる。

> **重要 〔地球型惑星〕**
> **水星**…クレーターの存在，大気は存在しない。
> **金星**…二酸化炭素を主成分とする濃い大気，強烈な**温室効果**によって高温。
> **地球**…太陽系で唯一**地表に液体の水をもつ惑星**。
> **火星**…二酸化炭素を主成分とする**薄い大気**。液体の水が存在していた可能性がある。

④ 木星型惑星

1 木星

① **太陽系最大の惑星**。半径は地球の約11倍，質量は地球の約320倍。

② 質量の99%は（㉔　　　）と（㉕　　　）が占める。

③ 表面には（㉖　　　）の流れによる**縞模様**が観察され，㉖の巨大な渦である（㉗　　　）が見られる。

④ 多くの**衛星**と，非常に希薄な**リング（環）**をもつ。

2 土星

① **水素とヘリウムが主成分**で，太陽系の惑星のなかで（㉘　　　）が最も小さい。

② 直径数μm〜数m程の氷や岩片が無数に集まって形成された（㉙　　　）（環）が，まわりを公転している。♣8

③ 太陽系の惑星のなかで**偏平率**が最も大きい。♣9
↪ 回転楕円体のつぶれ具合を示す値(p.7)

> **重要**
> 〔巨大ガス惑星〕
> **木星**…太陽系最大の惑星。表面には**縞模様**，**大赤斑**。
> **土星**…最も平均密度が小さい惑星。**薄く大きなリング（環）**。

3 天王星

① 軌道面に対して**ほぼ横倒しの状態**で（㉚　　　）している。

② 大気中のメタンの影響で（㉛　　　）っぽい色に見える。♣10
↪ 化学式 CH₄

4 海王星

① 表面は**青色**で，**縞模様**が見える。

② **大気，リング（環）**の存在が確認されている。

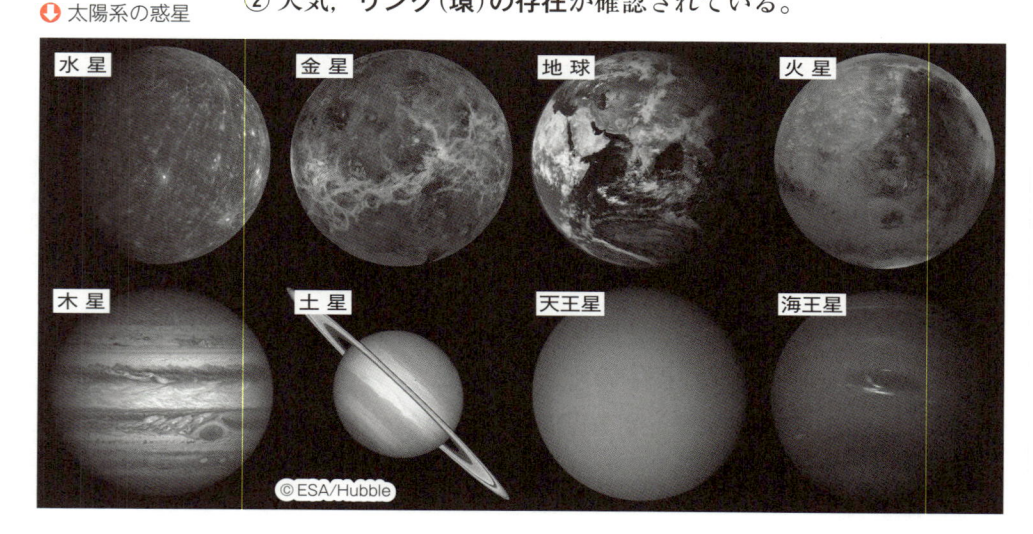

♣8 土星のリング全体の直径は約7万km，厚さは数十〜数百mであり，非常に薄い。土星の自転と同じ向きに公転している。

♣9 土星の偏平率はおよそ0.1で，地球の約30倍にあたる。これは，他の惑星よりもガスの割合が大きく，さらに自転周期が短いため大きな遠心力を受けるからである。

♣10 メタンには赤い光を吸収する性質がある。

⬇ 太陽系の惑星

水星　金星　地球　火星
木星　土星　天王星　海王星
© ESA/Hubble

❺ 惑星以外の天体

1 衛星

① (㉜   型惑星) で少なく，(㉝   型惑星) で多い。♣11
② (㉞   ) …地球の唯一の衛星。**地球型惑星の衛星で最も大きく**，半径は地球のおよそ4分の1である。地球に巨大な天体が衝突して形成されたと考えられている。
　↳ ジャイアント・インパクト説という ♣12
③ **ガニメデ**…発見されている最大の衛星で (㉟   ) の衛星。
④ (㊱   ) …木星の衛星。**火山の噴火が観測されている**。
　　　　　↳ 地球以外ではじめて発見された

> **重要**
> 〔衛星〕
> 衛星…惑星のまわりを公転する小天体。
> 月は地球の唯一の衛星。最大の衛星は木星の衛星ガニメデ。

2 小惑星──太陽のまわりを公転する小さな天体。
① 現在，20万個以上の軌道が判明している。
② ほとんどが (㊲   ) の軌道と (㊳   ) の軌道の間を公転しており，**最も大きい小惑星はセレス（ケレス）である**。
　　　　　　　　　　　　　　　　　　　　↳ 小惑星帯という ♣13

3 彗星──岩石や氷からなる小天体で，**コマや尾を伴うもの**。
① 太陽に近づくと，本体である**核（コア）**のまわりに，**ガスや塵**である (㊴   ) をともなう。♣14
② 太陽光線や太陽からの粒子の流れにより，**ガスや塵が太陽と反対の方向にのびる** (㊵   ) をつくる。♣15
③ **太陽系外縁部**から**楕円軌道**や**双曲線軌道**，**放物線軌道**を描き，太陽に接近する。

4 太陽系外縁天体──おもに (㊶   ) よりも外側を公転している小天体。2006年まで9番目の惑星であった (㊷   ) など。

♣11
2013年7月現在発見されている**衛星**の総数は，水星・金星0個，地球1個，火星2個，木星67個，土星65個，天王星27個，海王星14個である。

♣12
原始地球の形成末期に**火星程度の大きさの天体**が地球に衝突し，飛び散ったかけらが1か月程度で集まって月になったと考えられている。

♣13
火星軌道より内側に入り，地球に近づくものもある。

♣14
このため，彗星の軌道付近には残された塵が多く，このような部分を地球が横切ると，**流星**（→ p.69）が多く見られる。これを**流星群**という。

♣15
太陽からの電荷をもった粒子の流れを**太陽風**という（→ p.108）。

ミニテスト　　　　　　　　　　　　　　解答 別冊 p.7

- ❶ 太陽と地球の平均距離（約1.5億 km）を1とする長さの単位を何というか。
- ❷ 地球型惑星をすべて答えよ。
- ❸ 木星型惑星をすべて答えよ。
- ❹ 金星の大気の主成分は何か。
- ❺ 火星の大気の主成分は何か。
- ❻ 太陽系最大の惑星は何か。
- ❼ 木星の表面に赤く見える巨大な大気の渦を何というか。
- ❽ 土星のまわりを公転する，無数の氷のかたまりと岩片でできたものを何というか。
- ❾ 太陽に近づくとコマを伴い，尾をのばす天体を何というか。

2 太陽系の形成

解答 別冊 p.7

1 惑星の形成

1 惑星の誕生

① (❶   ) …宇宙空間に漂うガスや固体の微粒子。主成分は (❷   )（92 %）とヘリウム（8 %）である。
　↳化学式 H_2　　↳化学式 He

② 今から約 46 億年前，星間物質の濃密な部分が回転し，**重力により収縮**，**中心部に集まって**，(❸   ) を形成した。

③ (❹   ) …原始太陽を形成した残りの星間物質が形成した，原始太陽のまわりを回る円盤。

④ 原始太陽系星雲の中の**固体微粒子**（**惑星間塵**）が衝突と分裂をくり返し，直径 1～10 km 程度の多数の (❺   ) が誕生した。

⑤ さらに微惑星どうしが衝突・合体をくり返していき，**原始地球**などの (❻   ) を形成した。

♣1
宇宙空間の周囲よりもガスが濃い部分を**星間雲**ともいう。これが収縮すると水素とヘリウムからなる原始的な星となり，さらに周囲のガスを集めて大きくなり，**原始太陽**となった。この考え方を**京都モデル**といい，現在でも研究が進められている。

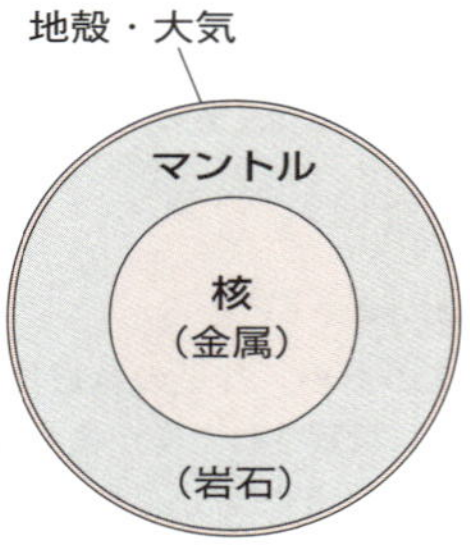

重要　〔惑星の誕生〕
星間物質の収縮→原始太陽の形成→原子太陽系星雲の形成→微惑星の形成→原始惑星の誕生

地殻・大気
マントル
核（金属）
（岩石）
↑ 地球型惑星

2 地球型惑星の形成

① **太陽に近い領域では**，(❼   ) を主成分とする原始惑星が衝突，合体をくり返し，**地球型惑星**が形成されたと考えられている。

② 中心部の鉄を主成分とする (❽   ) を岩石が取り巻く構造であるため，**地球型惑星**の**密度は大きい**。

♣2
太陽から遠い領域では，温度が低いため，微惑星の成分に氷が含まれていたと考えられている。

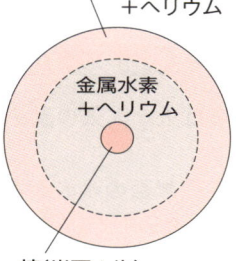

重要　〔地球型惑星の成因〕
形成された領域による違い→もとになる微惑星の主成分は岩石

気体・液体水素＋ヘリウム
金属水素＋ヘリウム
核（岩石＋氷）
↑ 巨大ガス惑星（木星・土星）

3 木星型惑星の形成

① **太陽から遠い領域では**，岩石と (❾   ) からなる原始惑星が衝突・合体をくり返し，**木星型惑星**が形成されたと考えられている。

② 地球型惑星に比べて大きくなったため，(⑩　　　　)が大きく，多量のガスをとらえたと考えられている。
③ 水素やヘリウムのような軽いガスが多く，核は岩石や氷でできているため，木星型惑星の密度は小さい。♣3

> **重要**　〔木星型惑星の成因〕
> 形成される領域の違い
> 　　→惑星のもとになる微惑星の主成分は岩石と氷

気体・液体水素＋ヘリウム
核（岩石＋氷）
水・アンモニア・メタンの氷
↑ 巨大氷惑星（天王星・海王星）

❷ 生命が存在する地球

1 地球上の水

① 地球での生命の誕生，進化には(⑪　　　　)の状態の水♣4が不可欠だったと考えられている。
② 地球上の水の起源は，地球に衝突，合体した(⑫　　　　)である。
③ 微惑星からもたらされた水分は蒸発し，原始地球の(⑬　　　　)の成分となった。

> **重要**　〔地球での水の存在〕
> 地球は，液体の水が存在できる温度，圧力の条件がそろっている。

2 金星と火星の水

① 初期の金星にも地球と同様に水蒸気が存在したが，地球に比べて(⑭　　　　)に近いため，宇宙空間に逃げ出したと考えられている。
② 火星では，極付近に固体の氷が見られ，過去には液体の水が存在していたと考えられているが，十分な大気がなく気圧が低いためすぐに蒸発してしまい，さらに表面温度が低いため，液体の水が存在する条件を満たしていない。

♣3
巨大ガス惑星は，中心に岩石と氷の核，そのまわりにヘリウムと金属水素，表面はヘリウムと水素という層構造となっている。巨大氷惑星は，中心に岩石と氷の核，そのまわりに氷の厚い層，表面はヘリウムと水素という層構造を形成していると考えられている。

♣4
水が液体の状態で存在できるのは，温度が約0〜374℃，それに対応する圧力の範囲である。惑星表面がこのような条件を満たせる領域を，ハビタブルゾーンという。

ミニテスト　　　　　　　　　　　　　　　　　　　　　　解答 別冊 p.7

□❶ 宇宙空間に漂う固体の微粒子やガスをまとめて何というか。
□❷ 原始太陽のまわりに形成された円盤を何というか。
□❸ 衝突，合体によって地球型惑星を形成した微惑星の主成分は，何であったと考えられるか。
□❹ 衝突，合体によって木星型惑星を形成した微惑星の主成分は，岩石と何であったと考えられるか。

3 太陽のすがた

解答 別冊 p.7

① 太陽のすがた

1 太陽の表面——太陽表面の光を出している部分（望遠鏡で投影すると白い円盤に見える部分）を（①　　　）という。

① **光球**は厚さ約 500 km の大気の層で，表面温度は**約 5800～6000 K** である。

② （②　　　）…光球の中央部ほど明るく，周辺部ほどしだいに暗く見える現象。

③ （③　　　）…光球上に見える小さな黒い点で，周囲よりも温度が低く，約 4000～4500 K である。黒点の数は長期的に増減する。

・（④　　　）…黒点の数が特に多い期間で，太陽の活動が活発である。
　↳出す光が少ないので暗く見える

・（⑤　　　）…極大期とは反対に黒点の少ない時期で，太陽の活動が比較的落ち着いている。

④ **白斑**…光球上の縁近くに見える白い斑点。

⑤ （⑥　　　）…光球上に見られる**細かい粒状の模様**。粒の1つ1つは，表面近くの気体が対流することによる渦である。

> **重要** 〔太陽の表面のようす〕
> **光球**…光を出している部分（約 5800～6000 K）
> **黒点**…周囲よりも温度が低く（約 4000～4500 K），暗く見える部分
> **粒状斑**…光球上に見られる，対流の渦

2 光球の周囲

① （⑦　　　）…皆既日食で光球が月に隠されたとき，**光球の外側に見える赤～ピンク色の薄い層**。

② （⑧　　　）…彩層の外側に大きく広がる**きわめて希薄な大気の層**であり，皆既日食のときに真珠色の淡い光の層として観測できる。温度は **100 万 K 以上**と非常に高温である。
　↳通常は光球の光が強すぎて見ることができない

③ （⑨　　　）…高温のコロナの中では水素やヘリウムの原子が**イオンと電子に**（⑩　　　）している。これらの粒子が加速して宇宙空間に流れ出す現象。

♣1　太陽はガスでできているので明確な表面はないが，ふつう**光球**を太陽の表面とする。太陽の中心から光球までの距離は**約 70 万 km** である。

♣2　光球の温度は深さによって異なるので，一般的に用いられる代表的な値であり，算出方法によっても違いが生じる。

♣3　K（ケルビン）は，**絶対温度**の単位で，絶対温度 T K，摂氏温度 t ℃ としたとき，それぞれの温度の数値 T と t には，
$T = t + 273$
という関係がある。

♣4　黒点の数の増減には，ある程度の規則性がある。約 11 年周期で黒点の数は増減をくり返し，それに伴って太陽の活動も **11 年周期**で変化している。

④ (⑪　　　　　　　　)（紅炎）…コロナの中で，磁場の力によって浮かんでいるガス雲。**太陽の縁では，明るくわき上がる炎のように見え，光球面上では黒く長いすじである**(⑫　　　　　　　　)（暗条）として見える。

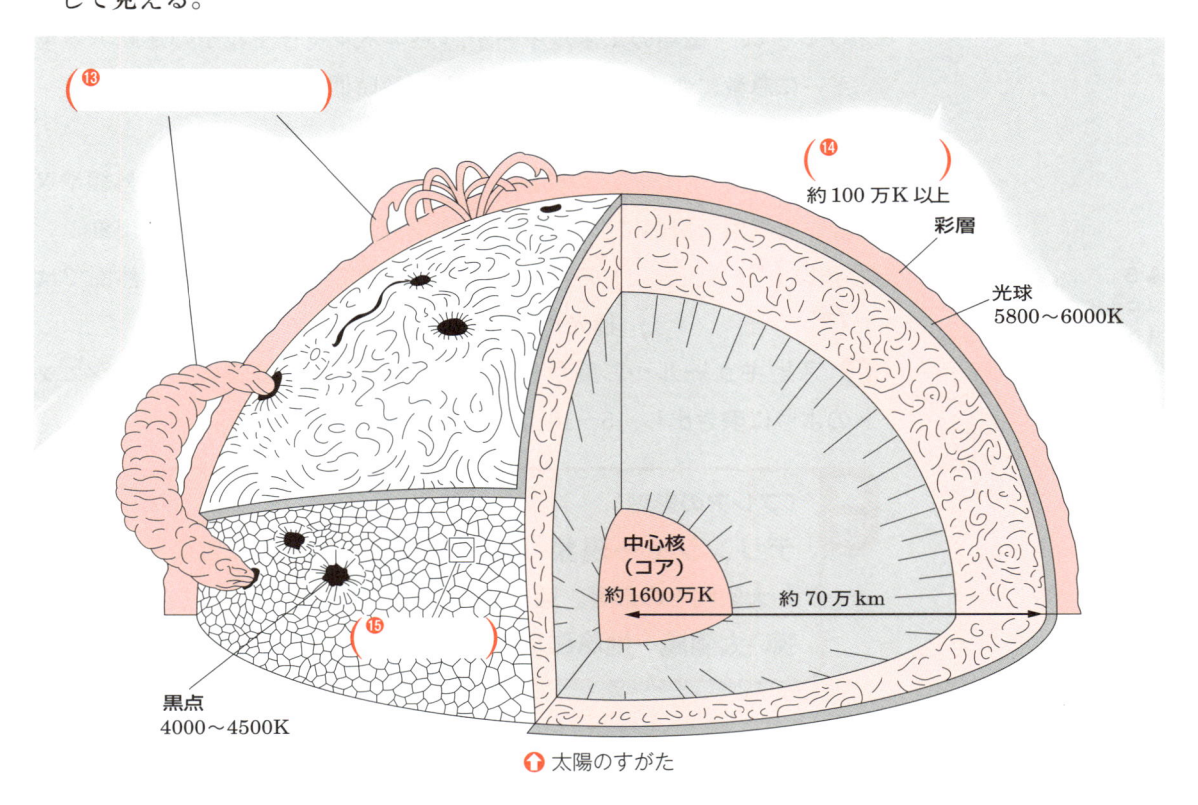

(⑬　　　　　　　　)

(⑭　　　　　　　　)
約100万K以上
彩層
光球
5800～6000K

中心核（コア）
約1600万K
約70万km

(⑮　　　　　)
黒点
4000～4500K

🔺 太陽のすがた

❷ 太陽の活動

1 太陽の自転

① 太陽の表面を長期間観測すると，まわりより黒っぽい(⑯　　　　　)が，**光球面上を見かけ上東から西に移動している**ことがわかる。これは，太陽が(⑰　　　　　)しているためで，その方向は地球の自転や公転の方向と同じである。

② 太陽の自転周期は，太陽が気体であるため**緯度によって異なり**，高緯度ほど(⑱　　　　　)。見かけの周期は**赤道部分では約27日，極近くでは約30日**である。

③ 地球の公転を考えると，太陽の真の自転周期はこれよりも少し短い。
赤道付近で約25日

観察開始

11時間後

24時間後

🔺 黒点の移動

> **重要** 太陽の自転…高緯度ほど周期が長い。
> 　　　　見かけ上赤道付近で約27日，極近くで約30日。

2 フレア

① (⑲   ) は，太陽コロナの一部が突然高温となり彩層を加熱し明るく輝かせ，水素が出す赤色の光である Hα線，強い(⑳   ) や X線を放出する現象である。
→ 1000万～5000万K
→ 元素記号 H

② フレアは，磁場のエネルギーが，熱エネルギーや粒子の運動エネルギーに急激に変化することで発生し，数時間でもとの状態に戻る。

3 フレアの地球への影響

① (㉑   現象)…フレアによって発生した紫外線やX線が大気圏上層部に影響を与え，通信障害などを引き起こす現象。
→ とくに80～500kmの高さの電離圏(p.69)に大きな影響を与える

② 強い(㉒   )の発生…地球の磁場に影響を与える。熱圏では(㉓   )(極光)が発生しやすくなる。
→ 磁気あらしという

4 スピキュール…彩層からコロナに向かって，高温のガスがジェットのように噴き出し，5～10分でもとの状態に戻る現象。

> **重要**
> 〔フレアの影響〕
> **デリンジャー現象**…フレアによって発生した電磁波による大気圏への影響。通信障害などを引き起こす。
> **強い太陽風**…地球磁場への影響。オーロラなどを引き起こす。

♣5 コロナ中では，水素やヘリウムの原子がイオンと電子に**電離**していて，これらの粒子がフレアにともなって加速し，宇宙空間に流れこむ。これを**太陽風**という(→p.108)。

❸ 太陽の構成

1 太陽スペクトル

① (㉔   )…電磁波を，波長によって分けたもの。

② 太陽光のスペクトルを調べると，連続スペクトルの中に暗い線のような部分である(㉕   )が多く見られる。この線を，発見者にちなんで(㉖   )という。

③ 暗線(吸収線)は，太陽大気中のさまざまな原子やイオンが，それぞれ特定の(㉗   )の光を吸収するためにできる。

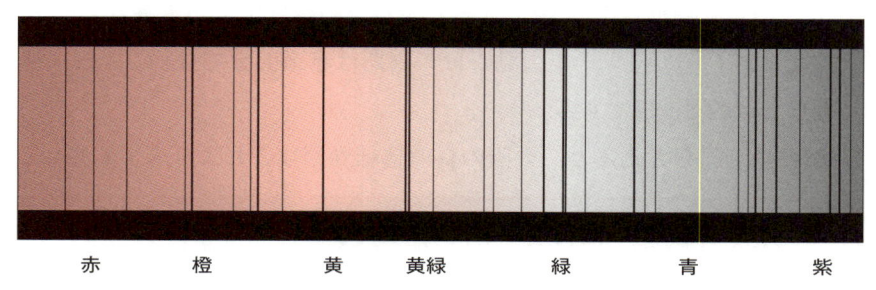

♣6 スリットを通った太陽光線をプリズムに入射させると，**赤から紫までの色**に分かれた光が出てくる。このように，光をスペクトルに分ける器具を**分光器**という。

赤　橙　黄　黄緑　緑　青　紫

↑ 太陽スペクトル(模式図)

1章 太陽系と太陽 | 111

2 太陽の元素組成——太陽を構成する元素は，(㉘　　　)(およそ 92 %)，(㉙　　　)(約 8 %)，その他の元素(約 0.1 %)である。

① 太陽の元素組成は，スペクトル中に現れる(㉚　　　)を調べることによってわかった。

② 太陽とその他の恒星の元素組成はほぼ同じと考えられていて，この組成を(㉛　　　組成)という。♣7

♣7 星間ガスの元素組成もほぼ等しく，**宇宙全体の元素組成もほぼ同じ**だと考えられているため，この名がついた。

> **重要** 太陽の元素組成…水素約 92 %，ヘリウム約 8 %
> ⇨ その他の恒星の組成とほぼ等しい

3 太陽のエネルギー源

① 太陽の中心部では，4個の(㉜　　　原子核)
　↳ 中心核（コア）という
が合体して1個の(㉝　　　原子核)に変わる(㉞　　　反応)が起こっている。♣8

② 核融合反応によって放出されたエネルギーが太陽のエネルギー源であり，中心部で発生したエネルギーは深いところではおもに放射，浅いところではおもに(㉟　　　)によって太陽表面に運ばれる。

③ 核融合反応の燃料となる(㊱　　　原子)が消費される速さから，太陽の寿命を推定できる。

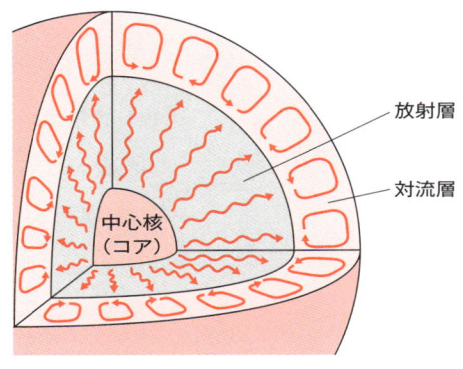

♣8 **核融合反応は高温高圧**であるほど活発に起こる。核融合反応が活発に起こっている太陽の中心部は，温度約 1600 万 K，圧力 2.4×10^{16} Pa を超えると考えられている。

↑ 太陽内部でのエネルギーの流れ（放射層／対流層／中心核（コア））

> **重要** 太陽のエネルギー源…水素原子核からヘリウム原子核への核融合で放出されるエネルギー。

ミニテスト　　　　　　　　　　　　　解答 別冊 p.8

☐❶ 太陽を望遠鏡で投影したとき円盤状に見える，光を出している部分を何というか。

☐❷ ❶上で，周囲よりも温度が低く，黒い点のように見える部分を何というか。

☐❸ ❶上で，細かい粒状の模様に見える，対流の渦を何というか。

☐❹ ❶の外側に広がり真珠色に見える，高温の希薄な大気の層を何というか。

☐❺ 光球の縁で，わき上がる炎のように見える部分を何というか。

☐❻ 黒点付近のある一部の領域のコロナや彩層が，突然輝きだす現象を何というか。

☐❼ ❻による紫外線や X 線発生により，電波障害などが起こる現象を何というか。

☐❽ 太陽を構成する元素を，割合が多い順に2つ答えよ。

☐❾ 太陽の活動のエネルギーは，何という反応によって放出されたものか。

4 恒星とその進化

解答 別冊p.8

❶ 恒星の明るさと色

1 天体の明るさ

① (❶　　　　　)…天体の明るさを表す単位。もともと，全天で最も明るい恒星を**1等星**，肉眼で見える最も暗い星を (❷　　　**等星**) としていた。現在では星の明るさをもとに決められており，等級が1より小さい天体や6より大きい天体もある。

② 地球から見た明るさで決める等級を，(❸　　　　**の等級**) ともいう。

③ 等級が1等級違うごとに明るさは約 (❹　　　**倍**) 違い，**5等級の違いは，ちょうど** (❺　　　**倍**) **の明るさの違いとなる。**

♣1
$100 ≒ 2.5^5$ なので，1等級の違いは，約2.5倍の明るさの変化に相当する。

④ 1等星よりも明るさが (❻　　　) 星は，**0等級，−1等級，−2等級**…と表す。

⑤ **太陽の見かけの等級を一の位まで表すと，(❼　　　等級)** である。他の星と比べて非常に明るいが，これは他の星に比べて，太陽が地球に近いためである。
↳ 近くにある星ほど明るく見える

例題研究 | 恒星の見かけの等級

見かけの等級が −1等級の星の明るさは，見かけの等級が 2等級の星の明るさの約何倍か。小数第1位を四捨五入し，整数で答えよ。ただし，見かけの等級1等級の違いは，2.51倍の明るさの違いに相当するものとする。

▶解き方

見かけの等級の差は，

(❽　　　) − (−1) = (❾　　　) 等級

見かけの等級が1等級違うごとに，星の明るさは2.51倍違うので，❾等級の差による星の明るさの差は，

$2.51^❾$ ≒ (❿　　　) 倍　…**答**

重要 〔天体の明るさ〕
1等級の違い…約2.5倍の明るさの違いに相当
5等級の違い…100倍の明るさの違いに相当

2 天体までの距離

① **年周視差**…公転軌道上にある地球，恒星，太陽がなす角。**遠くの恒星ほど小さく，恒星までの距離に反比例する。**単位は〔″〕（秒）で表す。
→秒角ともいう

$$1°（度） = 60′（分） = 3600″（秒）$$
→分角ともいう

② 1（⑪　　　　）…光が1年間で進む距離。
1光年 ≒ $9.46 × 10^{12}$ km にあたる。

③ 1（⑫　　　　）（記号：pc）…年周視差が1″の距離。
1パーセク ≒ $3.09 × 10^{13}$ km ≒ 3.26光年 にあたる。

④ ここで，年周視差は非常に小さい角度なので，

地球から恒星の距離 ≒ 太陽から恒星の距離

と考えてよい。
→そのため右図のようにどちらも d として考えてよい

⑤ 年周視差 p と，距離 d 光年 = $d′$ パーセク とは，

$$d ≒ \frac{3.26}{p}, \quad d′ = \frac{1}{p}$$

という関係にある。

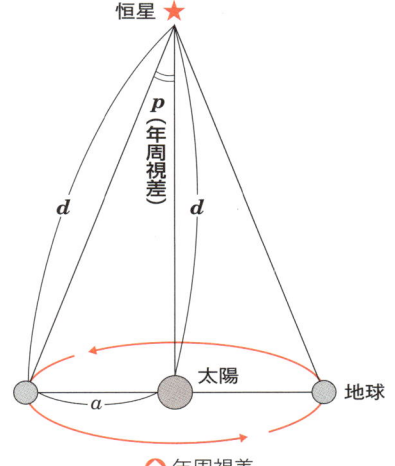

> **重要**　1パーセク…年周視差が1″となる距離
> 　　　　　1パーセク ≒ 3.26光年

3 恒星の明るさと色

① （⑬　　　　）…恒星を**地球から10パーセクの距離**に置いたと仮定したときの等級。太陽の⑬は4.9等級である。♣2

② 恒星には，さまざまな色に見えるものがあり，太陽は**黄色**に見える恒星である。**恒星の色は表面温度によって決まり**，表面温度が高い順に，**青白→白→黄白→黄→橙→赤**となる。
→温度が高いほど青白く光るようになる

♣2
太陽の絶対等級を考える際には，太陽を実際の位置よりも遠ざけると仮定することになる。実際の位置での明るさよりも暗くなることになるため，絶対等級の値は見かけの等級よりも小さくなる。

恒星名	星座	見かけの等級	絶対等級	距離〔光年〕	年周視差〔″〕	表面温度〔K〕
太陽	—	−26.8	4.9	0.00002	—	5800
シリウスA	おおいぬ座	−1.5	1.5	8.6	0.379	10400
ベガ	こと座	0.0	0.6	25	0.129	9500
アルタイル	わし座	0.8	2.2	17	0.194	8200
スピカ	おとめ座	1.0	−3.5	250	0.012	25000
デネブ	はくちょう座	1.3	−6.9	1400	0.001	9100

↑おもな恒星　〔Hipparcos Catalogue，理科年表などによる〕

2 恒星としての太陽

1 太陽の誕生
太陽は主に (⑭　　　) やヘリウムからできており，これらのガスが集まって誕生したと考えられている。　　→ 元素記号 He　→ 元素記号 H　p.111

① (⑮　　　)…恒星と恒星の間に存在する物質の総称。**希薄な星間ガス**と，固体微粒子である**宇宙塵（星間塵）**からなる。　p.106

② (⑯　　　)…星間物質が周囲よりも濃い部分。ここで太陽が誕生。

③ (⑰　　　)…特に密度の大きい星間雲が，**恒星の放射を受けて輝く部分**。オリオン大星雲など。

④ (⑱　　　)…星間雲のうち，星間物質によって，**背後からの恒星の光が散乱，吸収され暗く見える部分**。オリオン座の馬頭星雲など。

↑ オリオン大星雲（M42）

↑ 馬頭星雲

> **重要**　〔太陽誕生の背景〕
> **星間物質**…星間ガスと宇宙塵（星間塵）からなる。
> **星間雲**…星間物質が周囲よりも濃い部分。ここで太陽が誕生

2 太陽の進化　　出る

① 星間雲の密度が大きい部分では，自らの重力によって**ガスは収縮し温度が上がり輝きだす**。この段階の恒星を (⑲　　　) という。原始星の状態の太陽を (⑳　　　) という。　p.106

② (㉑　　　)…**水素の核融合反応が始まる直前の恒星**。原始星のまわりの星間ガスが失われ，恒星の光が宇宙空間に放射される。

③ (㉒　　　)…収縮し，中心部の温度が上がって**水素の核融合反応が始まった恒星の段階**。安定した状態にあり，恒星の一生のうちで最も長い期間となる。**現在の太陽はこの段階である**。

♣3 自らの**重力で収縮しよう**とする力と，内部のエネルギーの圧力によって**膨張しようとする力がつり合っている**。

♣4 原始太陽からこの状態になるまで，約 **1000万年**かかったと考えられている。

> **重要**　〔太陽の誕生〕
> **原始星 → T タウリ型星 → 主系列星（現在の太陽）**

3 太陽の未来　　出る

① 太陽の中心部では，**核融合反応が進み**，やがて中心部の (㉓　　　) がなくなると主系列星としての寿命がおわり，(㉔　　　) だけの核ができる。

② 水素の核融合反応は，ヘリウムでできた核の外側で起こるようになる。これを**水素殻燃焼**という。
↳ 漢字に注意すること

1章 太陽系と太陽 | 115

③ (㉕　　　　)…水素殻燃焼が起こり，**外側が膨張し温度が低下した恒星の段階**。中心部では (㉖　　　　) の核融合反応が起こり，さらに膨張する。♣5 太陽はいずれこの状態となり，その十数億年後には，現在の地球軌道あたりまで膨張すると考えられている。

④ (㉗　　　　)…**赤色巨星**(巨星)が外側のガスを放出し，残された**高温の小さな天体となった状態**。**太陽の最後のすがた**であり，太陽誕生から120億年後のことだと考えられている。♣6

⑤ (㉘　　　　)…赤色巨星が放出した外側のガスが広がって形成されたもの。

♣5
中心核の温度が1億Kを超えるとヘリウムの核融合反応が始まり，**炭素**や**酸素**がつくられる。この段階では中心部と外層部のバランスは崩れ，恒星はさらに膨張する。

♣6
太陽よりもずっと重い恒星では，赤色巨星になったあとも激しい核融合反応が続き，最終的には**超新星爆発**を起こして**中性子星**や**ブラックホール**といった高密度な天体になる。

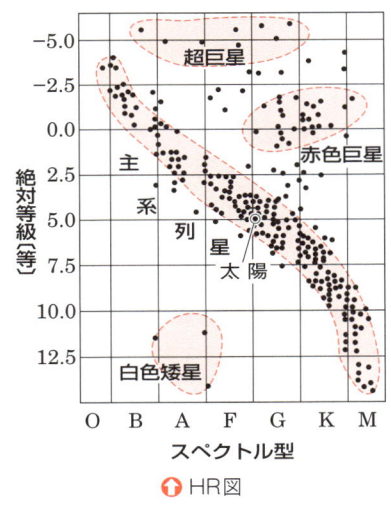

> **重要**　〔太陽の進化〕
> **主系列星→赤色巨星**(巨星)**→白色矮星**(太陽の最後のすがた)

4 HR図(ヘルツシュプルング・ラッセル図)　発展

① **恒星のスペクトル型**…恒星のスペクトル型は，**表面温度の違い**によって異なり，表面温度の高い順に，**O，B，A，F，G，K，M** に分けられる。一般の恒星も太陽と同じようにスペクトル中に **暗線**(吸収線)が見られる。
→暗線の位置はスペクトル型によっても変化する

② (㉙　　　　図) (ヘルツシュプルング・ラッセル図)…縦軸に恒星の**絶対等級**，横軸に恒星の**スペクトル型**をとり，多数の恒星を分類したグラフ。
・**主系列星**…HR図の**左上から右下に直線状**に並ぶ。
・**赤色巨星**(巨星)…HR図の**右上**に分布する。
・特に明るい**超巨星**…赤色巨星よりも**上**に分布する。
・**白色矮星**…HR図の**左下**に分布する。

③ 現在主系列星である**太陽**も，**赤色巨星**(巨星)，**白色矮星**と変化するにしたがい，HR図上での位置を変えていく。

↑ HR図

ミニテスト　　　解答 別冊p.8

- ❶ 地球から見たときの星の等級を何というか。
- ❷ ❶は，1等級の違いが約何倍の明るさの違いに相当するか。
- ❸ 恒星の色は，恒星の何によって決まるか。
- ❹ 星間ガスと宇宙塵(星間塵)からなる，恒星と恒星の間にある物質をまとめて何というか。
- ❺ ❹が濃い部分を何というか。
- ❻ 原始星から進化し，水素の核融合が始まる直前の段階を何というか。
- ❼ 中心部で核融合反応が起こっている，現在の太陽の恒星としての段階を何というか。

1章 太陽系と太陽　練習問題

解答 別冊p.15

❶ 〈惑星の分類〉
▶わからないとき→p.102

次の文は，(1)地球型惑星と(2)木星型惑星のどちらにあてはまるか。それぞれすべて選び，記号で答えよ。

- ア　半径は大きく，約2万5000 kmを超える。
- イ　衛星の数は少なく，最も多い惑星でも2個である。
- ウ　自転周期が長く，243日の惑星もある。
- エ　周囲にリング（環）をもつ。
- オ　表面はガスからなり，惑星の密度は小さい。

ヒント 地球型惑星の代表である地球のようすをもとに考えるとよい。

❶
(1)＿＿＿＿＿
(2)＿＿＿＿＿

❷ 〈太陽系の天体〉
▶わからないとき→p.103～105

太陽系の天体について，次の各問いに答えよ。

(1) 次の文にあてはまる惑星の名称を答えよ。
- ① 二酸化炭素を主成分とする大気をもち，気圧は地球の約90倍である。
- ② 太陽系最大の惑星で，表面に大赤斑が見られる。

(2) 次の文にあてはまる天体の種類の名称を答えよ。
- ① 惑星のまわりを公転する天体で，イオ，ガニメデなど。
- ② ほとんどが火星軌道と木星軌道の間にある小天体。現在，20万個以上の軌道が判明している。
- ③ おもに海王星よりも外側を公転している小天体。

ヒント
(1)① 大気をもち，地球よりも太陽の近くを公転する惑星。
(2)③ 冥王星もこの分類に含まれる。

❷
(1)①＿＿＿＿＿
　②＿＿＿＿＿
(2)①＿＿＿＿＿
　②＿＿＿＿＿
　③＿＿＿＿＿

❸ 〈惑星の形成〉
▶わからないとき→p.106～107

惑星のでき方について，次の問いに答えよ。

(1) 太陽系が誕生するまでに形成される天体の順番として正しいものを，次のア～ウから選べ。
- ア　微惑星→原始惑星→原始太陽系星雲
- イ　原始太陽系星雲→微惑星→原始惑星
- ウ　原始惑星→原始太陽系星雲→微惑星

(2) 木星型惑星の核に氷が含まれる理由として最も適当なものを，次のア～ウから選べ。
- ア　形成された時代が，地球型惑星よりも古いため。
- イ　形成後に氷のかたまりが多数衝突したため。
- ウ　形成された領域が，地球型惑星よりも温度の低い領域だったため。

ヒント
(1) 微粒子どうしが衝突して大きくなっていったことから考える。
(2) 惑星の形成時の条件について考える。

❸
(1)＿＿＿＿＿
(2)＿＿＿＿＿

❹ 〈太陽のすがた〉 ▶わからないとき→p.108〜111

次の文の空欄にあてはまる語を答えよ。

私たちが太陽として見ている，白い円盤状の光を出している部分を（ ① ）といい，①上で周囲より温度が低いために黒く見える部分を（ ② ）という。また，①上には細かい多数の粒状の模様である（ ③ ）が見られる。

①の周囲には希薄な大気が広がり，皆既日食の際に赤〜ピンク色に見える薄い層が（ ④ ），さらに外側の真珠色の層が（ ⑤ ）である。

太陽の活動のエネルギー源は水素の（ ⑥ ）の際に放出されるエネルギーである。太陽の活動は地球にも影響を与え，黒点付近のある領域の④や⑤が突然輝きだす（ ⑦ ）は，通信障害などの影響をおよぼすことがある。

また，⑦が発生すると平常時よりも（ ⑧ ）が強まり，地球のもつ磁気に影響を与えたり，熱圏で（ ⑨ ）が観測されやすくなったりする。

太陽を構成する元素は，92％が（ ⑩ ），約8％が（ ⑪ ）であり，これは太陽以外の恒星の元素組成ともほぼ等しいと考えられている。

ヒント
⑤ 100万K以上と高温の層である。
⑦ 電磁波を放出し，地球にさまざまな影響をおよぼす。

❹
① _____
② _____
③ _____
④ _____
⑤ _____
⑥ _____
⑦ _____
⑧ _____
⑨ _____
⑩ _____
⑪ _____

❺ 〈恒星とその進化〉 ▶わからないとき→p.112〜115

恒星の性質について，次の問いに答えよ。

(1) 見かけの等級について正しいものを，次の**ア〜ウ**から選べ。
　ア　等級は1〜6等級までの6段階のみである。
　イ　恒星が地球から同じ距離にあると仮定したときの明るさの尺度である。
　ウ　1等級の違いは，約2.5倍の明るさの違いに相当する。

(2) 次の文のうち正しいものを，**ア〜ウ**から選べ。
　ア　星間物質が周囲に比べて濃い部分を，星間雲という。
　イ　星間雲が恒星からの光によって輝いている部分を，暗黒星雲という。
　ウ　星間雲のある領域が膨張し，温度が下がって原始星となる。

(3) ①主系列星，②赤色巨星（巨星），③白色矮星の説明として正しいものを，それぞれ次の**ア〜ウ**から選べ。
　ア　恒星の外側が膨張し，温度が低下した状態の恒星。
　イ　外側のガスを放出し，高温の小さな天体となった恒星。
　ウ　水素の核融合反応が始まり，安定した状態の恒星。

(4) 現在の太陽の恒星としての段階から，その後の進化の過程を順に並べたものとして正しいものを，次の**ア〜ウ**から選べ。
　ア　主系列星→白色矮星→赤色巨星
　イ　主系列星→赤色巨星→白色矮星
　ウ　赤色巨星→主系列星→白色矮星

ヒント
(1) 見かけの，とは「地球から見た」という意味である。
(3)(4) 現在の太陽は安定した状態であることから考える。

❺
(1) _____
(2) _____
(3)① _____
　　② _____
　　③ _____
(4) _____

2章 宇宙のすがた

1 銀河と宇宙の構造

解答 別冊p.8

❶ 銀河系

1 銀河と銀河系

① (❶   )…恒星が数百億～1兆個程度集まった天体。
② (❷   )(天の川銀河)…私たちの住む**太陽系**を含む銀河。約(❸   億個)の恒星が含まれ,主に(❹   )やヘリウムからなる**星間ガス**や,**星間物質**などが存在する。

「われわれの銀河」ということもある

2 銀河系の構造

① 銀河系は,**中央部が膨らんだ円盤状**をしている。
② (❺   )(中心核)…銀河系の**中央部の膨らみ**の部分。半径は約1万光年。
③ **円盤部(ディスク)**…銀河系のバルジにつながる円盤状の部分。半径は約5万光年。地球は,銀河系の円盤部にあることがわかっている。♣1
④ (❻   )…銀河系をうすく恒星が取りまく,**半径約7万5000光年の球形の範囲**。
⑤ (❼   )…数百個の恒星の集まり。星間物質とともにバルジ,円盤部に集まっている。**若い恒星が多い**。
⑥ (❾   )…100万個程度の恒星が球状に集まったもの。バルジ,円盤部以外に,ハローにも分布している。**年老いた恒星が多い**。
⑦ 銀河系の中心は,地球から見ていて 座の方向にあり,そこには,内部からどんな物体も電磁波も放出しない**ブラックホール**♣2があると考えられている。

↑ 銀河系のすがた

♣1 天の川がちょうど銀河系の円盤部の方向にあたる。

♣2 ブラックホールは非常に高密度な天体で,強い重力のはたらきで電磁波が外に出ることができない。

重要
〔銀河系のすがた〕
バルジ…中心部の膨らんだ部分。
円盤部(ディスク)…円盤状に広がる部分。
ハロー…バルジ,円盤部のまわりの球状の領域

❷ 銀河系とまわりの銀河

1 銀河の形

① (⑩　　　　　　　　)…渦を巻き，全体が円盤状に見える銀河。アンドロメダ銀河（M 31）など。アンドロメダ銀河は，地球に最も近い大型の渦巻き銀河で，銀河系から約 230 万光年の距離にある。

② **棒渦巻き銀河**…棒状の構造が渦巻き銀河の中心を貫くように見える銀河。大マゼラン雲，小マゼラン雲♣3 など。

③ (⑪　　　　　　　　)…全体が楕円形に見える銀河。M 32，NGC 205 など。

④ **不規則銀河**…渦巻き銀河，棒渦巻き銀河，楕円銀河などの典型的な分類にあてはまらない特徴をもつ銀河の総称。

♣3 大マゼラン雲，小マゼラン雲は，銀河系から約 20 万光年の距離にある。

> **重要** 銀河の形…渦巻き銀河，棒渦巻き銀河，楕円銀河
> その他不規則銀河などがある。

↑渦巻き銀河（M101）

2 銀河系のまわりの銀河

① **三連銀河**…銀河系は，近くにある(⑫　　　　　　　)，(⑬　　　　　　　)と連なっている。このような，銀河 3 つのまとまりを**三連銀河**という。

② 数十個の銀河の集まりを(⑭　　　　)といい，銀河系やアンドロメダ銀河（M 31）を含む⑭を(⑮　　　　　　　)という。

③ 局部銀河群に含まれる銀河の総数は 30 個程度であり，直径約 600 万光年に広がっている。

↑棒渦巻き銀河（NGC1300）

> **重要** 〔銀河系のまわりの銀河〕
> 三連銀河…大マゼラン雲・小マゼラン雲・銀河系のつながり
> 局部銀河群…銀河系を含む，総数 30 個程度の銀河の集まり

↑楕円銀河（NGC4150）

ミニテスト 　　　　　　　　　　　　　　　　　解答 別冊 p.8

□❶ 銀河系の中央部の，球状に膨らんだ部分を何というか。

□❷ 銀河系の円盤状に広がる部分を何というか。

□❸ 銀河系全体を取りまく，半径約 7 万 5000 光年の球状の領域を何というか。

□❹ 銀河系，アンドロメダ銀河を含む，30 個程度の銀河の集まりを何というか。

2 宇宙の誕生と現在のすがた

解答 別冊p.8

❶ 宇宙のすがた

1 銀河の集まり

① (❶　　　　　)…銀河群より大規模な，数百～数千個の銀河の集まり。

② (❷　　　　　)…銀河群や銀河団が集まって形成する天体。
　→銀河系を含む超銀河団を局部超銀河団という

2 (❸宇宙の　　　　　)——超銀河団の分布を調べることによってわかった，現在知られている最も大きい宇宙の構造。80億光年程度の広がりがあることがわかっている。

① 銀河の分布…宇宙には，銀河が集まっている**超銀河団**と銀河が少ない(❹　　　　　)(**超空洞**)の部分がある。空洞の部分が泡のように見えるため，宇宙の大規模構造は(❺　　　　　)♣1ともいわれる。

② **グレートウォール**…銀河系から約3億光年の距離にある，数千個の銀河が壁のように連なる構造。

↑ 宇宙の大規模構造

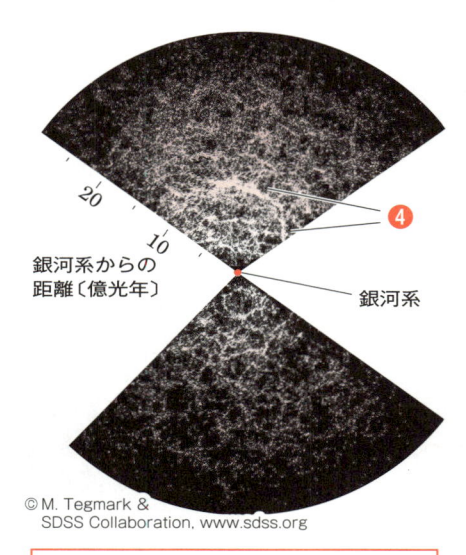

この図で左右にあたる方向は，天の川にさえぎられるためによくわかっていない。

♣1 銀河がほとんど存在しない直径約1億光年ほどの領域が，泡のように多数存在している。この泡のような領域を**超空洞(ボイド)**とよぶ。

重要　〔銀河の分布〕
（小規模）　銀河群→銀河団→超銀河団→大規模構造　（大規模）

❷ 宇宙の誕生と膨張

1 宇宙の膨張

① ごく近くの銀河を除き，ほぼすべての銀河は(❻　　　　　)いることを**ハッブル**が発見した。このことから，宇宙は**膨張**していると考えられる。♣2
　→1889～1953，アメリカ

② 宇宙の膨張を過去にさかのぼると，宇宙は約(❼　　億年)前に，ある(❽　　　　　)から膨張を開始したと考えられる。

③ **宇宙の地平線**…私たちが観測できる宇宙の領域の限界。光の速度と宇宙の年齢の積を半径とする領域にほぼ等しい。

♣2 風船に息を吹き込んで膨らませる様子を思い浮かべるとよい。

2 宇宙の誕生

① (⁹　　　　　　　)…誕生直後の**非常に高温高密度な状態の宇宙**。

② (¹⁰　　　　モデル)…**火の玉宇宙**が**急激に膨張**して現在の宇宙となったというモデル。**ガモフ**らによって提唱された。
→ 1904〜1968，ウクライナ

③ 宇宙誕生からの約3分間で，(¹¹　　　　)とヘリウムの原子核がつくられ，現在の宇宙に存在する原子のもとになった。

♣3
波源が観測者から遠ざかるとき，波長は長いほう（赤色のほう）にずれる。この現象をドップラー効果という。

3 ハッブルの法則 〔発展〕

1 赤方偏移——銀河のスペクトルの吸収線が，ほとんどの銀河で，**波長の長いほう**（可視光では(¹²　　色側)）にずれているという現象。赤方偏移を観測することで，銀河の後退速度を求めることができる。

2 (¹³　　　　の法則)——**銀河までの距離と後退速度は比例する**という法則。銀河の後退速度を v，銀河までの距離を r とすると，

　　$v = Hr$ 　（H はハッブル定数）

という関係がある。

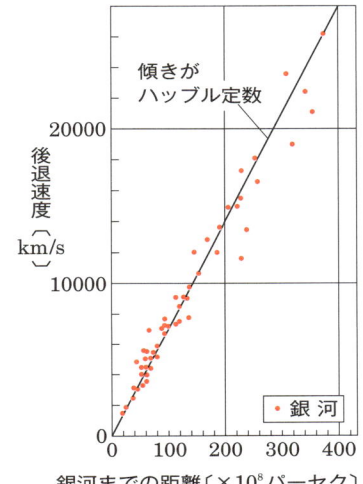

↑ ハッブルの法則（傾きがハッブル定数）

4 宇宙背景放射 〔発展〕

1 (¹⁴　3K　　　　)（**宇宙マイクロ波背景放射**）——宇宙のあらゆる方向からきている，ほぼ同じ強さとスペクトルをもつ電波。

① 宇宙誕生から38万年後，宇宙の温度が**3000K**程度に下がると，電磁波が長い距離を進めるようになった。これを**宇宙の晴れあがり**といい，この時期に放射された電磁波が，**3K宇宙背景放射**である。

② **3K宇宙背景放射**は，放射された当時よりも波長が1100倍，温度は1100分の1になっている。これは，**宇宙が約1100倍に**(¹⁵　　　　)したためであると考えられている。

③ 現在観測される3K宇宙背景放射の分布は，**初期の宇宙の情報を**もっていると考えられている。

♣4
この頃，それまではバラバラであった陽子と電子が結合して水素原子ができた。このため，それまで光の直進をさえぎっていた電子が減り，宇宙が晴れあがったように，遠くまで見渡せるようになった。

ミニテスト　　　　　　　　　　　　　　解答 別冊 p.8

□❶ 銀河群や銀河団が集まって構成する天体を何というか。

□❷ 数千個の銀河が壁のように連なる構造を何というか。

□❸ 私たちが観測できる宇宙の領域の限界を何とよぶか。

□❹ 1点で誕生した宇宙が，急激に膨張して現在の宇宙となったという考え方を何というか。

第2章 宇宙のすがた　練習問題

解答　別冊p.15

❶ 〈銀河系〉
▶わからないとき→p.118

銀河系について，次の問いに答えよ。

(1) 銀河系を形成する恒星の数として正しいものを，次のア～エから選べ。
　ア 約20億個　イ 約200億個　ウ 約2000億個　エ 約2兆個
(2) 銀河系の中で太陽系が位置する場所として正しいものを，次のア～ウから選べ。
　ア ハロー　イ 円盤部（ディスク）　ウ バルジ
(3) 銀河系の形について正しいものを，次のア～エから選べ。
　ア 銀河系の球状に膨らんだ部分をバルジといい，バルジの半径は約10万光年である。
　イ 銀河系の球状に膨らんだ部分をバルジといい，バルジの中心付近に太陽は位置している。
　ウ 球状星団が分布する銀河系を取り巻く球状の領域をハローといい，ハローの半径は約7万5000光年である。
　エ 銀河系の円盤状の部分を円盤部といい，円盤部の半径は約1万光年である。
(4) 散開星団と球状星団について正しいものを，次のア～エから選べ。
　ア 散開星団は数百個程度の恒星が集まったもので，球状星団は100万個程度の恒星が球状に集まったものである。
　イ 散開星団はおもに年老いた恒星の集まりである。
　ウ 球状星団はおもに若い恒星の集まりである。
　エ 散開星団はおもに銀河系の円盤部とハローに集まり，球状星団はハローのみに集まっている。

ヒント
(2) 半径が大きい順に，ハロー→円盤部→バルジである。
(4) 球状星団をなす恒星の数のほうが多いと考えるとよい。

❷ 〈銀河系とまわりの銀河〉
▶わからないとき→p.119

さまざまな銀河について，次の問いに答えよ。

(1) アンドロメダ銀河（M 31）のような形の銀河を何というか。
(2) 渦巻き銀河，楕円銀河などの典型的な分類にはあてはまらない特徴をもつ形の銀河をまとめて何というか。
(3) 銀河系とともに三連銀河を形成している銀河を2つ答えよ。
(4) 銀河系やアンドロメダ銀河（M 31）を含む，総数約30個程度の銀河の集まりを何というか。

ヒント
(2) 形が渦巻きでも楕円でもないことからそのよび方を考える。
(3) 銀河系から約20万光年の距離にあり，銀河系の近くにある銀河である。

③ 〈銀河の集まり〉 ▶わからないとき→p.119〜120

次の文にあてはまる天体を，あとのア〜ウから選べ。

(1) 数十個の銀河の集まりや，さらに大規模な数百〜数千個の銀河の集まりから形成される構造。

(2) 数百〜数千個の銀河の集まり。

(3) 局部銀河群の外側に存在する，数十個の銀河の集まり。

　ア　銀河群　　イ　銀河団　　ウ　超銀河団

ヒント まず，大きさの順に並べてみるとよい。

③
(1) _____
(2) _____
(3) _____

④ 〈宇宙の大規模構造〉 ▶わからないとき→p.120

宇宙の大規模構造について，次の問いに答えよ。

(1) 宇宙の大規模構造とは，どのような構造か。正しいものを，次のア〜エから選べ。

　ア　多数の小規模な宇宙が集まって大規模な宇宙を形成しているという構造。

　イ　超銀河団の分布を調べることで知られるようになった，現在わかっている最も大きな宇宙の構造。

　ウ　小さい宇宙の外側に大きな宇宙があり，層構造をなしている構造。

　エ　宇宙全体が，銀河系と同様な渦巻き状の形であり，回転しながらその規模を拡大している構造。

(2) 宇宙での銀河の分布について正しいものを，次のア〜エから選べ。

　ア　無数の銀河が宇宙に一様に分布しており，それぞれの銀河の間の距離はほぼ一定である。

　イ　銀河系から近い位置に銀河は密集し，銀河系から遠い位置には銀河はほとんど存在しない。

　ウ　規模の大きい銀河は銀河系から遠い部分に，規模の小さい銀河は銀河系に近い部分に密集している。

　エ　宇宙には，銀河が集まっている部分と，銀河があまり存在せず空洞のようになっている部分がある。

(3) グレートウォールとはどのような構造か。正しいものを次のア〜ウから選べ。

　ア　銀河系から200光年程度の近い場所に，数十個の銀河が壁のように並ぶ構造。

　イ　宇宙がその一生を終えるとき，宇宙がある1点に収縮するために，銀河が壁のように並ぶ構造。

　ウ　銀河系から約3億光年の距離の領域に，数千個の銀河が壁のように連なる構造。

ヒント (2) 宇宙での銀河の分布のようすは，泡構造ともよばれている。
(3) 宇宙の大規模構造のひとつである。

④
(1) _____
(2) _____
(3) _____

第3編 太陽系と宇宙 定期テスト対策問題

時 間▶▶▶ 30分
合格点▶▶▶ 70点
解 答▶別冊 p.16

1 太陽系の天体について，次の問いに答えよ。
〔問1…各完答4点，問2…各4点　合計32点〕

問1 太陽系の惑星のうち，(1)地球型惑星だけにあてはまる性質，(2)木星型惑星だけにあてはまる性質，(3)地球型惑星と木星型惑星の両方にあてはまる性質，(4)地球型惑星と木星型惑星のどちらにもあてはまらない性質，を次のア～コからすべて選べ。

ア　密度は 3.9～5.5 g/cm³ 程度である。
イ　偏平率は小さく，0に近い。
ウ　表面はガスでできている。
エ　自ら光を出し，輝いている。
オ　多くの衛星をもち，最低でも14個である。
カ　核融合反応によって生じるエネルギーを放射している。
キ　原始太陽系星雲から生まれた。
ク　太陽に近づくと長い尾を伴う。
ケ　リング(環)をもつ
コ　公転の方向はすべて同じである。

問2 次の文それぞれにあてはまる天体名を答えよ。
(1) かつては惑星に分類されていたが，2006年以降太陽系外縁天体に分類された。
(2) 青く見え，自転軸がほぼ横倒しになっている。
(3) 季節の変化があり，二酸化炭素を主成分とするうすい大気をもつ。
(4) 最も平均密度が小さい惑星で，明るいリング(環)をもつ。

問1	(1)	(2)	(3)	(4)
問2	(1)	(2)	(3)	(4)

2 次の文を読み，あとの問いに答えよ。
〔各3点　合計27点〕

太陽は，地球と同じく約（ ① ）億年前に誕生し，現在も莫大なエネルギーを放出し，私たちはその恩恵を受けている。太陽活動のエネルギーは，核融合反応によって生まれ，現在の太陽のように核融合反応が始まった段階の恒星を（ ② ）という。やがて太陽は外側が膨張して表面温度が低下し，（ ③ ）という恒星の段階へと変化する。さらに高温の小さな天体である（ ④ ）となりその一生を終える。

現在の太陽の表面温度は約（ ⑤ ）Kであり，表面は（ ⑥ ）色の恒星である。太陽の周囲には非常にうすい大気の層が存在し，皆既日食の際に光球の外側に見える赤～ピンク色の層が（ ⑦ ），真珠色の層が（ ⑧ ）である。

問1 上の文中の空欄①～⑧にあてはまる語句や数値を答えよ。
問2 下線部に関連して，次の恒星の色を，恒星の表面温度が高い順に並べ記号で答えよ。
ア　赤　イ　青白　ウ　黄

問1	①	②	③	④	⑤
	⑥	⑦	⑧	問2	＞　　＞

3 次の文を読み，あとの各問いに答えよ。 〔問1・3…各3点，問2…4点 合計25点〕

太陽は，さまざまな活動を通して地球にも影響を与えている。（ ① ）の表面のうち周囲に比べて1500〜2000 K温度が低い A黒点は周期的に数が増減し，数が（ ② ）ときは太陽の活動が活発であり，数が（ ③ ）ときは太陽の活動はそれほど活発ではない。

太陽の活動のうちで，黒点に近い限られた領域の彩層が突然輝く（ ④ ）は，地球に影響を与える。④によって発生した強いX線や紫外線は大気圏上層部に影響を与え，通信障害などが起こり，この現象を（ ⑤ ）という。また，④が発生すると B太陽風は平常時に比べて強くなり，熱圏では（ ⑥ ）が発生しやすくなる。

問1 上の文中の空欄①〜⑥にあてはまる語句を答えよ。
問2 下線部Aに関連して，光球上の黒点を毎日観察すると黒点が移動していることがわかる。黒点が移動して見える理由を簡潔に説明せよ。
問3 下線部Bについて，太陽風が平常時に比べて強くなるとは，何が増加することか。正しいものを次のア〜エから選べ。
　ア　荷電粒子の数や速度　　イ　X線や紫外線の温度
　ウ　黒点や彩層の温度　　　エ　プロミネンス（紅炎）の数

問1	①	②	③
	④	⑤	⑥
問2		問3	

4 恒星までの距離と恒星の明るさについて，次の各問いに答えよ。 〔各4点 合計12点〕

問1 6等星の明るさは，2等星の明るさの約何倍か。
問2 1等星の約100倍の明るさをもつ天体は何等星か。
問3 年周視差が$1''$である距離を1パーセクといい，年周視差p''と恒星までの距離dパーセクの間には，$d = \dfrac{1}{p}$という関係が成り立つ。また，1パーセク＝3.26光年という関係がある。ある恒星の年周視差が$0.4''$であるとき，この恒星までの距離は何光年か。小数第2位を四捨五入して，小数第1位までで答えよ。

問1		問2		問3	

5 多数の銀河を観測した結果，ほぼすべての銀河がわれわれから遠ざかっていることがわかった。この結果から導かれる考察として誤っているものを，次のア〜ウから選べ。 〔4点〕

　ア　宇宙は息が吹きこまれている風船のように膨張している。
　イ　過去にさかのぼると，宇宙はある1点に収縮する。
　ウ　すべての銀河が分裂し，1つ1つの銀河は小さくなりつつある。

さくいん

●**太文字**のページでとくにくわしく説明しています。

あ
- アイソスタシー ……9
- 秋雨前線 ……… **90**, 93
- アセノスフェア …… **17**
- 温かい雨 …… 73
- 亜熱帯高圧帯 …… 80
- アルベド …… 75
- 泡構造 …… 120
- 暗黒星雲 …… 114
- 安山岩 …… 30
- 安山岩質マグマ …… **25**, 27
- 暗線 …… 110, 115
- 安定
  - →大気の安定 …… 72
- 安定同位体 …… 45
- アンドロメダ銀河 …… 119

い
- イオ …… 105
- 異常震域 …… 18
- 移動性高気圧 …… **89**, 90
- 色指数 …… 30
- 隠生代 …… **42**, 96
- 隠生累代 …… **42**, 96
- 引力 …… 7

う
- 渦巻き銀河 …… 119
- 宇宙元素組成 …… 111
- 宇宙塵 …… 114
- 宇宙の大規模構造 …… 120
  - —の地平線 …… 120
  - —の晴れあがり …… 121
- 宇宙背景放射 …… 121
- 宇宙マイクロ波 背景放射 …… 121
- 海のプレート …… 14
- 運搬作用 …… 34

え
- 衛星 …… 102, **105**
- HR 図 …… 115
- Hα 線 …… 110
- A.U. …… 102
- 液状化現象 …… 92
- S 波 …… 10, **20**, 94
- エディアカラ生物群 …… 51
- エルニーニョ現象 ……… 85, **95**
- 塩基性岩 …… 30
- 猿人 …… 57
- 円盤部 …… 118
- 塩分 …… 82

お
- 大森公式 …… 20
- オーロラ …… 69, 110
- 小笠原高気圧 ……… **89**, 95
- オゾン層 ……… 49, 53, **68**, 96
- オゾンホール …… 68, **96**
- オホーツク海高気圧 ……… **89**, 93
- オルドビス紀 …… **42**, 52
- 温室効果 ……… 48, 51, **77**, 96

か
- 海王星 …… 102, **104**
- 外核 …… **9**, 11
- 海溝 …… 15
- 海溝型地震 …… 22
- 海山 …… 27
- 海山列 …… 16, 27
- 海水 …… 82
  - —の循環 …… 83
- 回転楕円体 …… 6
- 壊変 …… 45
- 海洋 …… **82**, 95
  - —と気候 …… 85
  - —の構造 …… 82
- 海洋地域 …… 7
- 海洋地殻 …… 8
- 海洋底 …… 16
- 海洋プレート …… 14, 23
- 海嶺 …… 14, 27, 49
- 化学岩 …… 35
- 化学的風化 …… 34
- 鍵層 …… 44
- 角閃石 …… 30
- 核融合反応 …… 111
- 花こう岩 …… 30
- 花こう岩質岩石 …… **8**, 10
- 火砕物 …… 24, 92
- 火砕流 …… 25, **92**
- 火山 …… 24, **92**
  - —の形 …… 25
  - —の観測 …… 93
  - —の噴火 …… 24
  - —の分布 …… 26
- 火山ガス …… 24
- 火山岩 …… 28
- 火山岩塊 …… 24
- 火山砕屑岩 …… 28
- 火山砕屑物 …… 24, 92
- 火山前線 …… 27
- 火山弾 …… 24
- 火山灰 …… 24, 35, 44
- 火山噴出物 …… 24
- 火山礫 …… **24**, 35
- 火星 …… 102, **103**, 107
- 火成岩 …… **28**, 41
  - —の分類 …… 30
- 化石 …… 43
- 化石燃料 …… 96
- 活断層 …… 19, 23
- ガニメデ …… 105
- 過飽和 …… 71
- カルデラ …… 25
- 岩床 …… 28
- 完新世 …… 56
- 岩石 …… 34, **106**
- 岩石サイクル …… 41
- 環太平洋地域 …… 14
- 貫入 …… 28, 40
- 間氷期 …… 57
- カンブリア紀 …… 52
- 岩脈 …… 28
- かんらん岩 …… 30
- かんらん岩質岩石 …… **8**, 10
- かんらん石 …… 30
- 環流 …… 83
- 寒冷前線 …… 89

き
- 気圧 …… **66**, 79
- 気温減率 …… **67**, 72
- 機械的風化 …… 34
- 輝石 …… 30
- 北太平洋高気圧 ……… **89**, 95
- 基底礫岩 …… 37
- 軌道 …… 105
- 揮発成分 …… **24**, 25
- 逆断層 …… 19
- 級化構造 …… 37
- 級化成層 …… 37
- 級化層理 …… 37
- 吸収線 …… 110, 115
- 球状星団 …… 118
- 旧人 …… 57
- 凝灰角礫岩 …… 35
- 凝灰岩 …… **35**, 44
- 暁新世 …… 56
- 恐竜 …… 42, 44, **55**, 59
- 極冠 …… 103
- 極循環 …… **80**, 81
- 極小期 …… 108
- 極大期 …… 108
- 局部銀河群 …… 119
- 極偏東風 …… 81
- 巨星 →赤色巨星 …… 115
- 巨大ガス惑星 …… 102, **107**
- 巨大氷惑星 …… 102, **107**
- 魚類 …… 52
- 銀河 …… 118
- 銀河群 …… 119
- 銀河系 …… 118
- 銀河団 …… 120
- 金星 …… 102, **103**, 107
- 菌類 …… 42

く
- 苦鉄質岩 …… 30
- 苦鉄質鉱物 …… 30
- 雲 …… 71
  - —の種類 …… 72
- グラファイト …… 41
- クレーター …… 103
- グレートウォール …… 120
- 黒雲母 …… 29, **30**, 40
- クロスラミナ …… 36

け
- 傾斜 …… 38
- 珪線石 …… 41
- ケイ長質岩 …… 30
- ケイ長質鉱物 …… 30
- 結晶分化作用 …… 29
- 結晶片岩 …… 40
- ケレス …… 105
- 圏界面 …… **67**, 68
- 原核生物 …… **42**, 51
- 減災 …… 93
- 原始海洋 …… 49
- 原始星 …… 114
- 原始大気 …… 48
- 原始太陽 …… 106, **114**
- 原始太陽系星雲 …… 106
- 原始地殻 …… 49
- 原始地球 …… 48
- 原始惑星 …… 106
- 原人 …… 57
- 顕生代 …… **42**, 52
- 原生代 …… **42**, 50
- 顕生累代 …… **42**, 52
- 玄武岩 …… 30
- 玄武岩質岩石 …… **8**, 10
- 玄武岩質マグマ …… **25**, 27

こ
- 広域変成岩 …… 40
- 広域変成作用 …… 40
- 高緯度地域 …… 78
- 光球 …… 108
- 光合成 …… 50
- 向斜 …… 39
- 更新世 …… 56
- 紅柱石 …… 41
- 公転 …… 102
- 光年 …… 113
- 黒鉛 …… 41
- 黒点 …… **108**, 109
- 弧状列島 …… 15
- 古生代 …… 44, **52**, 58
- 古生物 …… 43
- 古第三紀 …… **42**, 56
- コロナ …… 108
- 混合層 …… 82
- 混濁流 …… 37
- コンベア・ベルト …… 84

さ
- 砕屑岩 …… 35
- 砕屑物 …… 35
- 彩層 …… 108
- 砂岩 …… **35**, 40
- 砂漠化 …… 97
- サヘラントロプス …… 57
- 散開星団 …… 118
- 3 K 宇宙背景放射 …… 121
- 散光星雲 …… 118
- 三畳紀 …… 42, **54**, 59
- 酸性雨 …… 97
- 酸性岩 …… 30

し
- シアノバクテリア …… 50
- 自形 …… 29
- 示準化石 …… **44**, 52
- 地震 …… **18**, 92
  - —の原因 …… 22
  - —の尺度 …… 18
  - —の発生 …… 18
  - —の分布 …… 22
- 始新世 …… 56
- 地震断層 …… 19
- 地震波の性質 …… 10
- 始生代 …… **42**, 49
- 示相化石 …… 43
- シダ植物 …… **42**, 53
- 湿度 …… 71
- 自転 …… 79, **102**
- シベリア高気圧 …… 88
- 縞状鉄鉱層 …… **50**, 96
- 斜交葉理 …… 36
- シャドーゾーン …… 11
- 褶曲 …… 19, **36**, 39
- 褶曲軸 …… 39
- 収束境界 …… 14
- 集中豪雨 …… **93**, 97
- 周辺減光 …… 108
- 主系列星 …… **114**, 115
- 主水温躍層 …… 82
- 主要動 …… 20
- ジュラ紀 …… **42**, 54
- 晶出 …… 28
- 小マゼラン雲 …… 119
- 小惑星 …… 102, **105**
- 初期微動 …… 20
- シルル紀 …… **42**, **52**, 53
- 震央 …… **10**, 18
- 進化 …… 59
- 真核生物 …… **42**, 51
- 震源 …… 18
  - —の決定 …… **20**, 21
  - —の分布 …… 22
- 震源断層 …… **18**, 19
- 侵食 …… 38
- 侵食作用 …… 34
- 新人 …… 57
- 深成岩 …… 28
- 新生代 …… **42**, 56
- 深層 …… 82
- 深層循環 …… 84
- 新第三紀 …… **42**, 56
- 震度 …… 18
- 深発地震 …… **22**, 23
- 人類 …… 42

す
- 水温躍層 …… 82
- 水星 …… 102, **103**
- 彗星 …… 102, **105**
- 水素殻燃焼 …… 114
- スケール …… 95
- ストロマトライト …… 50

さくいん | 127

せ

砂	35
スノーボール・アース	50
スピキュール	110
スペクトル	110, 115

せ

星間雲	106, 114
星間ガス	114
星間塵	114
星間物質	106, 114
整合	37
西高東低型	88
成層火山	25
成層圏	68
正断層	19
生物岩	35
生命の誕生	42, 49
石英	41
赤外放射	75
赤色巨星	115
石炭紀	42, 52, 53
脊椎動物	42, 52
赤道収束帯	81
赤方偏移	121
石墨	41
石灰岩	35, 40
石基	28
石こう	35
接触変成岩	40
接触変成作用	40
絶対温度	108
絶対等級	113
絶滅	42, 58
セレス	105
先カンブリア時代	42, 96
全球凍結	50
鮮新世	56
漸新世	56
全地球凍結	50
潜熱	70, 90, 91
閃緑岩	30

そ

走向	38
造山帯	14
走時	10
走時曲線	10
層序	36
相対湿度	71
層理面	36
藻類	42, 51
ソールマーク	36
続成作用	34

た

タービダイト	37
大気	66
—にはたらく力	79
—の安定	72
—の大循環	78, 80
—の不安定	73
大気圧	66
大気汚染	97
大気圏	66
—の層構造	67

大規模構造→宇宙の	
大規模構造	120
太古代	42, 49
大西洋中央海嶺	14
堆積	38
堆積岩	34, 41
—の形成	34
—の分類	35
堆積構造	36
堆積作用	34
大赤斑	104
大地震帯	14
対比	
→地層の対比	44
台風	90, 93
大マゼラン雲	119
ダイヤモンド	41
太陽	108, 114
太陽系	102
—の惑星	102
太陽系外縁天体	
	102, 105
太陽定数	74
太陽風	110
太陽放射	74, 75, 78
第四紀	42, 56
大陸棚	7
大陸地域	7
大陸地殻	8
大陸プレート	14, 23
大理石	40
対流（大気）	81
対流（太陽）	111
対流（マントル）	17
対流圏	67, 68
対流圏界面	67, 68
対流層	111
楕円銀河	119
他形	29
多形	41
多細胞生物	42
盾状火山	25
断層	18, 19, 39
断熱減率	91

ち

地殻	8, 10
地球	102, 103
—のエネルギー収支	
	75
—の形	6
—の誕生	48
—の表面	7
地球型惑星	102, 103
—の形成	106
地球楕円体	6
地球放射	75
地衡風	80
地質構造	39
地質時代	42, 59
地上風	80
地層	36
—の対比	44
地層累重の法則	36
地表地震断層	19
チャート	35
中間圏	68
中心核（銀河）	118

中心核（太陽）	111
中新世	56
中性岩	30
中生代	42, 54, 58
超塩基性岩	30
超銀河団	120
超空洞	120
超苦鉄質岩	30
超大陸	54
鳥類	42, 55
直下型地震	23, 94
沈降	38

つ

月	103, 105
津波	23, 92
冷たい雨	73
梅雨	89, 93

て

Tタウリ型星	114
低緯度地域	78
泥岩	35, 40
底痕	36
ディスク	118
停滞前線	89, 93
底盤	28
デーサイト	29, 30
デボン紀	42, 52, 53
デリンジャー現象	
	110
転向力	79
天王星	102, 104
天文単位	102
電離	108, 110
電離圏	69
電離層	69

と

同位体	45
等級	113
島弧－海溝系	15, 27
等粒状組織	28
土星	102, 104
トランスフォーム断層	
	15
トリアス紀	42, 54, 59
泥	35

な

内核	9, 11
内陸地震	23
内陸地殻内地震	23
南高北低型	90

に

| 日射 | 74 |
| 日本海溝 | 15 |

ね

ネアンデルタール人	
	57
熱圏	67, 68, 69
熱水噴出孔	27, 49
熱帯収束帯	81
熱帯低気圧	90
熱の輸送	78
年周視差	113

は

バージェス動物群	52
パーセク	113
パーミル	82
梅雨	89, 93
梅雨前線	89, 93
背景放射	121
背斜	39
白亜紀	42, 54, 59
白色矮星	115
ハザードマップ	94
破砕帯	39
バソリス	28
爬虫類	54
発散境界	14
ハッブルの法則	121
ハドレー循環	80, 81
ハビタブルゾーン	
	107
バルジ	118
ハロー	118
半自形	29
斑晶	28
斑状組織	28
万有引力	7
斑れい岩	30

ひ

PS時間	20
ヒートアイランド現象	
	97
P波	10, 20, 94
—の影	11
被子植物	42, 55, 56
歪み	18
ビッグバンモデル	
	121
火の玉宇宙	121
氷河	51, 56
氷期	57
標準化石	44, 52
氷晶	71
氷晶雨	73
表水層	82
表層混合層	82
微惑星	48, 106

ふ

不安定	
→大気の不安定	73
フィラメント	109
風化	34, 41
風成海流	83
フェーン現象	90
不規則銀河	119
不整合	37
物理的風化	34
フラウンホーファー線	
	110
ブラックホール	118
プルーム	17, 58
フレア	110
プレート	14
—の移動	16
プレート境界地震	22
プレートテクトニクス	
	14

プレート内地震	23
プロミネンス	109
フロン	68, 96
噴火	24
分化	29

へ

ヘルツシュプルング・	
ラッセル図	115
ペルム紀	
	42, 52, 54, 58
変成岩	40, 41
変成作用	40
偏西風	80, 81, 90
偏西風波動	81
変動地形	19
偏平率	7, 104
片麻岩	40
片理	40

ほ

ボイド	120
棒渦巻き銀河	119
貿易風	80, 85, 95
防災	93
放射	111
放射性同位体	45
放射性年代	45
放射層	111
放射冷却	77, 89
飽和水蒸気圧	71
飽和水蒸気量	70
ホットスポット	
	16, 27
哺乳類	42, 55, 56, 59
ホモ・サピエンス	57
ホモ・ネアンデル	
ターレンシス	57
ホルンフェルス	40

ま

マグニチュード	18
マグマ	16, 24, 27, 41
—の結晶分化作用	
	29
—の粘性	25, 26
マグマオーシャン	48
枕状溶岩	27, 49
マントル	8, 10, 48, 95
—の対流	17

み

| 見かけの等級 | 112 |

む

| 無色鉱物 | 30 |
| 無脊椎動物 | 42, 52 |

め

| 冥王星 | 105 |
| 冥王代 | 42, 48 |

も

木星	102, 104
木星型惑星	102, 104
—の形成	106
モホ不連続面	8, 11
モホ面	8, 11

さくいん

も
モホロビチッチ
　不連続面 …… 8, 11
モンスーン ……… 88

ゆ
有色鉱物 ………… 30

よ
溶岩 ……………… 24
溶岩円頂丘 ……… 25
溶岩台地 ………… 25
溶岩ドーム ……… 25
溶岩流 ………… 25, 92
横ずれ断層 ……… 19
余震 ……………… 18

ら
裸子植物 ………… 55
ラニーニャ現象 … 95
藍晶石 …………… 41

ラン藻類 ……… 50
乱泥流 …………… 37

り
陸弧 ……………… 15
陸のプレート …… 14
リソスフェア …… 17
リップルマーク … 36
リフト帯 ………… 14
リプルマーク …… 36

流痕 …………… 36
粒状斑 …………… 108
流星 ……………… 69
流紋岩 …………… 30
流紋岩質マグマ … 25
リング …………… 104

れ
礫 ………………… 35
礫岩 …………… 35, 37

連痕 …………… 36

ろ
露点 ……………… 71
露点温度 ………… 71

わ
惑星 …………… 102
　—の形成 …… 106
惑星状星雲 …… 115

監　　修：橋本道雄
執筆協力：田中麻衣子
デザイン：アルデザイン
図版作成：藤立育弘
写真提供：Ali Taylor　　audray630　　Cuesta College Physical Sciences Division　　ESA/Hubble
　　　　　Gekaskr　　Lars Sundström　　M. Tegmark & SDSS Collaboration　　NASA
　　　　　Robin Klaiss　　STScI　　wallyr　　気象庁　　群馬大学

シグマベスト
地学基礎の必修整理ノート

編　者　文英堂編集部
発行者　益井英郎
印刷所　凸版印刷株式会社
発行所　株式会社　文英堂
　　　〒601-8121　京都市南区上鳥羽大物町28
　　　〒162-0832　東京都新宿区岩戸町17
　　　（代表）03-3269-4231

本書の内容を無断で複写（コピー）・複製・転載することは，著作者および出版社の権利の侵害となり，著作権法違反となりますので，転載等を希望される場合は前もって小社あて許可を求めてください。

● 落丁・乱丁はおとりかえします。

© BUN-EIDO　2014　　Printed in Japan

地学基礎の必修整理ノート

・解答集・

文英堂

空らん・ミニテストの解答

第1編1章 地球の構造

〈p.6~7〉

1 地球の大きさと形
- ❶ 6400
- ❷ 緯度
- ❸ 7.2
- ❹ 800.16
- ❺ 40008
- ❻ 赤道
- ❼ 長
- ❽ $a-b$
- ❾ 小さい
- ❿ 小さい
- ⓫ 6378
- ⓬ 6357
- ⓭ 6378
- ⓮ 海
- ⓯ 陸地
- ⓰ 0, 1
- ⓱ 4, 5
- ⓲ 大陸
- ⓳ 海洋
- ⓴ 大陸棚

ミニテスト

(解き方) ❷, ❸ 海洋の面積のほうが陸地の面積よりも広い。

答
- ❶ 偏平率
- ❷ 約70%
- ❸ 約30%

〈p.8~11〉

2 地球の内部構造
- ❶ 大陸
- ❷ 花こう岩
- ❸ 玄武岩
- ❹ モホロビチッチ不連続面
- ❺ かんらん岩
- ❻ マントル
- ❼ 地殻
- ❽ 隆起
- ❾ 鉄
- ❿ 外核
- ⓫ 内核
- ⓬ 固体
- ⓭ 外核
- ⓮ 内核
- ⓯ 酸素
- ⓰ ケイ素
- ⓱ 鉄
- ⓲ ニッケル
- ⓳ P
- ⓴ S
- ㉑ 走時曲線
- ㉒ マントル
- ㉓ S
- ㉔ P
- ㉕ 外核

ミニテスト

(解き方) ❶ 外核は液体，内核は固体である。
❷ S波は固体中しか伝わらない。

答
- ❶ 外核
- ❷ P波

第1編2章 地球の変動

〈p.14~17〉

1 プレートの運動
- ❶ プレート
- ❷ プレートテクトニクス
- ❸ 海嶺
- ❹ 造山帯
- ❺ 海洋
- ❻ 海溝
- ❼ 島弧
- ❽ 島弧-海溝
- ❾ 陸弧
- ❿ ヒマラヤ
- ⓫ トランスフォーム
- ⓬ サンアンドレアス
- ⓭ 海溝
- ⓮ 海嶺
- ⓯ 海嶺
- ⓰ ホットスポット
- ⓱ プレート
- ⓲ 4340
- ⓳ 西北西
- ⓴ 770
- ㉑ 10^4
- ㉒ 10.6
- ㉓ リソスフェア
- ㉔ アセノスフェア
- ㉕ 対流
- ㉖ プルーム
- ㉗ コールドプルーム

ミニテスト

(解き方) ❷ ハワイ諸島などが代表的な例。

答
- ❶ 海嶺
- ❷ ホットスポット

〈p.18~21〉

2 地震と地震波
- ❶ 震源
- ❷ 震央
- ❸ 断層
- ❹ 震源断層
- ❺ 余震
- ❻ 余震域
- ❼ マグニチュード
- ❽ 32
- ❾ 1000
- ❿ 震度
- ⓫,⓬ 5, 6(順不同)
- ⓭ 10
- ⓮ 同心円
- ⓯ 異常震域
- ⓰ 1000
- ⓱ 1000
- ⓲ 断層
- ⓳ 震源断層
- ⓴ 活断層
- ㉑ 正断層
- ㉒ 逆断層
- ㉓ 正断層
- ㉔ 逆断層
- ㉕ 横ずれ断層
- ㉖ 右横ずれ断層
- ㉗ 左横ずれ断層
- ㉘ 左
- ㉙ 左
- ㉚ 初期微動
- ㉛ 主要動
- ㉜ PS時間
- ㉝ 震源
- ㉞ 大森公式
- ㉟ 震央
- ㊱ 震源の深さ
- ㊲ AP'
- ㊳ OP'

ミニテスト

(解き方) ❹ 大森公式 $D = kT$ において，D は震源までの距離，T は PS 時間を表し，k は比例定数である。

答
- ❶ 震源
- ❷ 震度
- ❸ マグニチュード
- ❹ PS時間(初期微動継続時間)
- ❺ 正断層
- ❻ 逆断層

〈p.22~23〉

3 地震の原因と分布
- ❶ 境界
- ❷ 深発
- ❸ 海溝型
- ❹ 東北地方太平洋沖
- ❺ 太平洋
- ❻ 深く
- ❼ プレート内
- ❽ 活断層
- ❾ 直下型
- ❿ 兵庫県南部

ミニテスト

(解き方) ❸ 海のプレートが日本海側に向かって陸のプレートの下に沈みこんでいるため，日本海側のほうが深い震源になる。

答
- ❶ 深発地震
- ❷ 海溝型地震(プレート境界地震)
- ❸ 深くなっている

〈p.24~27〉

4 火山とその噴火
- ❶ マグマ
- ❷ マグマだまり
- ❸ 二酸化炭素
- ❹ 噴火
- ❺ マグマだまり
- ❻ 火山噴出物
- ❼ 溶岩
- ❽ 火山ガス
- ❾ 火山砕屑物
- ❿ 火山灰
- ⓫ 火山岩塊
- ⓬ 火山弾

⑬ 軽石 ⑭ 粘性
⑮ 二酸化ケイ素 ⑯ 低い
⑰ 流紋岩質 ⑱ 玄武岩質
⑲ 火砕流 ⑳ 溶岩流
㉑ 玄武岩 ㉒ 盾状
㉓ 流紋岩 ㉔ 溶岩ドーム
㉕ 安山岩 ㉖ 成層
㉗ カルデラ ㉘ 少ない
㉙ 多い ㉚ 安山岩質
㉛ 成層
㉜ 溶岩ドーム(溶岩円頂丘)
㉝ 成層火山 ㉞ 盾状火山
㉟ 火山帯 ㊱ 安山岩
㊲ 火山前線 ㊳ 枕状
㊴ 熱水噴出孔 ㊵ マグマ
㊶ 玄武岩 ㊷ 海山

ミニテスト

(解き方) ❹ 粘性が小さいので広くなだらかに広がる。
❺ 日本列島の火山をおもに形成するマグマである。

答 ❶ 噴火
❷ 火山灰
❸ 二酸化ケイ素
❹ 盾状火山
❺ 安山岩質マグマ
❻ 枕状溶岩

⟨p.28~31⟩
5 火成岩

❶ 貫入 ❷ 岩床
❸ 岩脈 ❹ 底盤
❺ 深成岩 ❻ 等粒状組織
❼ 火山岩 ❽ 石基
❾ 斑晶 ❿ 斑状組織
⓫ 等粒状 ⓬ 斑状
⓭ 結晶分化作用 ⓮ 自形
⓯ 他形 ⓰ 二酸化ケイ素
⓱ 酸性岩 ⓲ 流紋
⓳ 花こう ⓴ 中性岩
㉑ 安山 ㉒ 閃緑
㉓ 塩基性岩 ㉔ 玄武
㉕ 斑れい ㉖ 超塩基性岩
㉗ かんらん ㉘ 有色鉱物
㉙ 無色鉱物 ㉚ 色指数
㉛ 玄武岩 ㉜ 閃緑岩
㉝ 酸性岩 ㉞ 斜長石
㉟ 石英

ミニテスト

(解き方) ❸ ガラス質の細かい結晶の部分と、粗粒の結晶の部分。
❹ 二酸化ケイ素の比率(質量パーセント)によって、超塩基性岩(超苦鉄質岩)、塩基性岩(苦鉄質岩)、中性岩、酸性岩(ケイ長質岩)に分類される。

答 ❶ 底盤(バソリス)
❷ 斑状組織
❸ 石基,斑晶
❹ 中性岩
❺ 安山岩,閃緑岩
❻ 石英

第1編3章
地球の歴史

⟨p.34~35⟩
1 堆積岩

❶ 風化 ❷ 機械的風化
❸ 化学的風化
❹ 機械的(物理的)
❺ 化学的 ❻ 侵食
❼ 運搬 ❽ 堆積
❾ 大きい ❿ 小さく
⓫ 続成 ⓬ 堆積物
⓭ 石灰岩 ⓮ 砕屑岩
⓯ 礫岩 ⓰ 泥岩
⓱ 凝灰岩 ⓲ 石灰岩
⓳ チャート ⓴ NaCl

ミニテスト

(解き方) ❺ 放散虫はケイ酸質の殻をもっており、堆積して生じる岩石の主成分は SiO_2 である。

答 ❶ 化学的風化
❷ 侵食作用,運搬作用
❸ 続成作用
❹ 火山灰
❺ チャート

⟨p.36~39⟩
2 地層の形成

❶ 地層 ❷ 層理面
❸ 地層累重 ❹ 層序
❺ 堆積構造 ❻ リプルマーク
❼ ソールマーク ❽ クロスラミナ
❾ リプルマーク(漣痕)
❿ クロスラミナ(斜交葉理)
⓫ 級化 ⓬ 小さく
⓭ 大きな ⓮ 乱泥流
⓯ タービダイト ⓰ 整合
⓱ 不整合 ⓲ 不整合面
⓳ 平行不整合 ⓴ 傾斜不整合
㉑ 不整合面 ㉒ 整合
㉓ 平行不整合 ㉔ 傾斜不整合
㉕ 堆積 ㉖ 隆起
㉗ 沈降 ㉘ 不整合面
㉙ 走向 ㉚ 傾斜
㉛ クリノメーター
㉜ 褶曲 ㉝ 背斜
㉞ 向斜 ㉟ 褶曲軸
㊱ 背斜 ㊲ 向斜
㊳ 破砕帯

ミニテスト

(解き方) ❸ 水中で粒子の大きいものと小さいものを混ぜたとき，粒子の大きい物から沈んでいくことから考える。
❹ 時間的な隔たりがない堆積のし方は整合である。

答 ❶ 地層累重の法則
❷ リプルマーク(漣痕)
❸ 級化層理(級化構造，級化成層)
❹ 不整合

〈p.40~41〉
3 変成作用と変成岩

❶ 変成 ❷ 変成岩
❸ 広域変成 ❹ 沈み込む
❺ 広域変成岩 ❻ 結晶片岩
❼ 片麻岩 ❽ 接触変成
❾ 接触変成岩 ❿ 結晶質石灰岩
⓫ ホルンフェルス
⓬ 変成岩 ⓭ 堆積岩
⓮ 変成 ⓯ 火成岩
⓰ 多形(同質異像)

ミニテスト

(解き方) おもな広域変成岩としては結晶片岩，片麻岩があり，おもな接触変成岩としては結晶質石灰岩(大理石)，ホルンフェルスがある。

答 ❶ 広域変成作用
❷ 結晶質石灰岩(大理石)

〈p.42~45〉
4 地質時代と化石

❶ 地質時代
❷ 顕生代(顕生累代)
❸ 先カンブリア時代
❹ 新第三紀 ❺ ジュラ紀
❻ 石炭紀 ❼ シルル紀
❽ カンブリア紀 ❾ 6.6
❿ 25.2 ⓫ 54.1
⓬ 化石 ⓭ 示相化石
⓮ 海 ⓯ 示準化石
⓰ 短い ⓱ 多く
⓲ 広い ⓳ 古生

⓴ 中生 ㉑ 新生
㉒ 地層の対比 ㉓ 示準(標準)
㉔ 凝灰岩 ㉕ 鍵層
㉖ 半減期
㉗ 放射性年代(放射年代)
㉘ 2 ㉙ 11400

ミニテスト

(解き方) ❷ 5億4100万年前から現在までの時代は，古生代，中生代，新生代に分けられる。
❸ 放射性年代と区別する。
❹ 生物が生息していた時代を推定できる化石は示準化石(標準化石)である。

答 ❶ 先カンブリア時代(隠生代，隠生累代)
❷ 顕生代(顕生累代)
❸ 地質時代
❹ 示準化石(標準化石)
❺ 中生代
❻ 凝灰岩層

第1編4章
生物の変遷

〈p.48~51〉
1 生命の誕生

❶ 冥王代 ❷ 原始大気
❸ 二酸化炭素
❹ マグマオーシャン
❺ 核 ❻ マントル
❼ 原始地殻 ❽ 水蒸気
❾ 原始海洋 ❿ 二酸化炭素
⓫ 太古代(始生代)
⓬ 枕状 ⓭ アミノ酸
⓮ 酸素 ⓯ オゾン
⓰ 35 ⓱ 光合成
⓲ シアノバクテリア
⓳ ストロマトライト
⓴ 原生代 ㉑ 酸素
㉒ 全球凍結 ㉓ 縞状鉄鉱層
㉔ 真核生物 ㉕ 藻
㉖ エディアカラ ㉗ 二酸化炭素
㉘ 温室 ㉙ 太陽光線

ミニテスト

(解き方) ❶~❸ 原始地球は，微惑星の衝突により形成され，原始地球は衝突のエネルギーで高温であった。そのため岩石はとけてマグマとして存在した。

答 ❶ 水蒸気，二酸化炭素
❷ 微惑星
❸ マグマオーシャン
❹ 枕状溶岩
❺ シアノバクテリア(ラン藻類)
❻ エディアカラ生物群

〈p.52~55〉
2 生物の進化

❶ 顕生代(顕生累代)
❷ 古生代 ❸ 中生代
❹ 新生代 ❺ オルドビス紀
❻ デボン紀 ❼ ペルム紀
❽ 三葉虫 ❾ 魚
❿ フズリナ ⓫ 三葉虫
⓬ 筆石 ⓭ オゾン層
⓮ クックソニア
⓯ イクチオステガ
⓰ クックソニア
⓱ イクチオステガ

空らん・ミニテストの解答〈本冊p.53〜77〉

⑱ リンボク　⑲ 石炭
⑳ リンボク　㉑ パンゲア
㉒ 三畳紀　㉓ 白亜紀
㉔ 石油　㉕ 恐竜
㉖ 哺乳　㉗ アンモナイト
㉘ アンモナイト　㉙ 恐竜
㉚ 裸子　㉛ 被子
㉜ 鳥　㉝ イノセラムス

ミニテスト
(解き方) ❶ ペルム紀(二畳紀)末に絶滅した。
❹ シダ植物にかわって繁栄した。
答 ❶ 三葉虫
❷ クックソニア
❸ パンゲア
❹ 裸子植物

〈p.56〜59〉
③ 人類と生物の変遷
❶ 古第三紀　❷ 第四紀
❸ 更新世　❹ 完新世
❺ 哺乳　❻ カヘイ石
❼ ビカリア　❽ 被子
❾ 氷期　❿ 間氷期
⓫ 間氷期　⓬ 低
⓭ 原人　⓮ 旧人
⓯ サヘラントロプス
⓰ 原人　⓱ 旧人
⓲ ホモ・サピエンス
⓳ 大量絶滅　⓴ 5
㉑ ペルム(二畳)　㉒ 3
㉓ 古生　㉔ 中生
㉕ 白亜　㉖ 5
㉗ イリジウム　㉘ 隕石
㉙ 進化　㉚ ペルム(二畳)
㉛ 哺乳　㉜ 白亜
㉝ 地質

ミニテスト
(解き方) ❶ 新生代のはじめは，中生代の気候が続き，温暖であった。
❸ 氷期と間氷期をくり返した。
答 ❶ 寒冷化した
❷ カヘイ石(ヌンムリテス)
❸ 間氷期
❹ 旧人
❺ ペルム紀(二畳紀)
❻ 哺乳類

第2編1章
大気と海洋
〈p.66〜69〉
① 大気の層構造
❶ 大気圏　❷ 窒素
❸ 酸素　❹ 二酸化炭素
❺ 気圧　❻ 1013
❼ 100　❽ 低く
❾ 気温　❿ 4
⓫ 気温減率　⓬ 対流
⓭ 水蒸気　⓮ 0.65
⓯ 圏界面(対流圏界面)
⓰ 高い　⓱ 熱
⓲ 中間　⓳ 成層
⓴ オゾン層　㉑ 対流
㉒ 成層　㉓ 高く
㉔ オゾン層　㉕ 酸素
㉖ 紫外線　㉗ フロン
㉘ オゾンホール　㉙ 中間
㉚ 低く　㉛ 低い
㉜ 熱　㉝ オーロラ
㉞ 流星(流れ星)　㉟ 電離
㊱ 電離層

ミニテスト
(解き方) ❸ 最も地表に近く，大気の対流が起こっている。
❺，❻ 成層圏では対流がほとんど起こらず，大気が安定している。オゾン層が紫外線を吸収するために温度が上昇する。
答 ❶ 窒素
❷ 1013 hPa
❸ 対流圏
❹ 圏界面(対流圏界面)
❺ 成層圏
❻ オゾン層
❼ 中間圏

〈p.70〜73〉
② 対流圏と気象
❶ 海水　❷ 氷河
❸ 雲　❹ 太陽
❺ 水蒸気　❻ 潜熱
❼ 蒸発　❽ 凝結
❾ 飽和水蒸気量　❿ 飽和水蒸気圧
⓫ 相対湿度
⓬ 露点(露点温度)
⓭ 20　⓮ 過飽和
⓯ 上昇　⓰ 膨張

⓱ 下がる　⓲ 断熱変化
⓳ 露点(露点温度)
⓴ 氷晶　㉑ 潜熱
㉒ 10　㉓ 層雲
㉔ 積雲　㉕ 積乱雲
㉖ 安定　㉗ 不安定
㉘ 冷たい　㉙ 暖かい

ミニテスト
(解き方) ❶ 気体が凝結(凝縮)するとき，周囲に熱を放出する。
❷ 水蒸気の量と水蒸気の圧力を区別する。
答 ❶ 潜熱
❷ 飽和水蒸気圧
❸ 断熱変化
❹ 10種類

〈p.74〜77〉
③ 地球のエネルギー収支
❶ 可視光線　❷ 太陽放射
❸ 可視光線　❹ 日射
❺ 太陽定数　❻ kW/m^2
❼ 断面積　❽ $6.40×10^6$
❾ 20　❿ 50
⓫ 紫外線　⓬ 高い
⓭ 地球　⓮ 赤外線
⓯ 赤外　⓰ 太陽
⓱ 100　⓲ 100
⓳ 144　⓴ 144
㉑ 可視光線　㉒ 赤外線
㉓ 温室効果　㉔ 温室効果
㉕ 二酸化炭素　㉖ 放射冷却
㉗ 温室効果

ミニテスト
(解き方) ❶，❹ 太陽放射で最も強い電磁波は可視光線である。地球放射のおもな電磁波は赤外線なので，地球放射は赤外放射ともよばれる。
❻ 近年，人間の活動により二酸化炭素濃度が上昇している。
答 ❶ 可視光線
❷ 日射
❸ 太陽定数
❹ 赤外線
❺ つり合っている
❻ 二酸化炭素

空らん・ミニテストの解答〈本冊p.78~93〉

〈p.78~81〉
4 大気の大循環
❶ 太陽放射　❷ 低
❸ 高　❹ A
❺ B　❻ 水蒸気
❼ 気圧　❽ 自転
❾ 高い　❿ 低い
⓫ 垂直　⓬ 大きく
⓭ 自転　⓮ 気圧傾度力
⓯ 転向力　⓰ 右
⓱ 地衡風　⓲ 大循環
⓳ 貿易　⓴ 北東貿易風
㉑ 南東貿易風　㉒ 自転
㉓ 西　㉔ 亜熱帯
㉕ 東　㉖ 北東
㉗ 南東
㉘ 熱帯収束帯(赤道低圧帯)
㉙ ハドレー　㉚ 偏西風
㉛ ジェット気流　㉜ 低
㉝ 高　㉞ 偏西風波動

ミニテスト
（解き方）❶ 太陽放射と地表のなす角が大きい赤道付近のほうが，受ける日射量は多い。
❷，❸ 気圧の高いほうから低いほうへ向かって，2地点間の気圧の差が最も大きくなる方向へはたらく。
❺ 北半球では北東貿易風，南半球では南東貿易風となる。
❻ 熱を低緯度から中緯度に輸送している。

答 ❶ 低緯度地域
❷ 差があるとき
❸ 垂直な方向
❹ 自転
❺ 貿易風
❻ ハドレー循環

〈p.82~85〉
5 海洋の構造と海流
❶ 塩分　❷ パーミル
❸ 塩化ナトリウム
❹ 塩化マグネシウム
❺ 大き　❻ 小さい
❼ 水温躍層(主水温躍層)
❽ 深層　❾ 海流

❿ 東，西　⓫ 西，東
⓬ 環流　⓭ 時計(右)
⓮ 反時計(左)　⓯ 密度
⓰ 大きく　⓱ 深層循環
⓲ 暖かい　⓳ 冷たい
⓴ 小さい　㉑ 低
㉒ 高　㉓ 南
㉔ 北　㉕ 黒
㉖ 高く　㉗ 低く
㉘ エルニーニョ　㉙ 貿易風

ミニテスト
（解き方）❶ 海洋は，表層から順に，混合層(表層混合層，表水層)，水温躍層(主水温躍層)，深層に分けられる。
❸ 北半球では時計回り，南半球では反時計回りである。
❹ 大気も海水も，上下の密度の差によって対流する。
❻ 貿易風が弱まることで，本来西に移動するはずだった表層の海水が，東に留まることによって発生する。

答 ❶ 混合層(表層混合層，表水層)
❷ 海流
❸ 時計回り
❹ 密度
❺ 深層循環
❻ 貿易風

第2編2章
地球環境と災害

〈p.88~91〉
1 日本の気象
❶ モンスーン　❷ 海洋，大陸
❸ 大陸，海洋　❹ シベリア
❺ 西高東低　❻ 北西
❼ 日本海　❽ 水蒸気
❾ 上昇　❿ 下降
⓫ 温帯　⓬ 春一番
⓭ 寒冷　⓮ 移動性
⓯ 秋　⓰ 放射冷却
⓱ オホーツク海　⓲ 梅雨前線
⓳ 南西
⓴ 北太平洋(小笠原)
㉑ 南高北低　㉒ 熱帯低気圧
㉓ 17　㉔ 反時計(左)
㉕ 時計(右)　㉖ 潜熱
㉗ 北太平洋(小笠原)
㉘ 偏西風　㉙ 秋雨前線
㉚ 移動性高気圧　㉛ フェーン
㉜ 1500　㉝ 0.5
㉞ 26

ミニテスト
（解き方）❹ 梅雨前線が発生し，暖かく湿った風が吹き込み雨が降る。
❻ 南の北太平洋(小笠原)高気圧の勢力が強く，日本を覆う。

答 ❶ 西高東低型
❷ 北西
❸ 移動性高気圧
❹ 梅雨前線
❺ オホーツク海高気圧
❻ 南高北低型
❼ 潜熱

〈p.92~94〉
2 日本の自然災害と防災
❶ 火砕流　❷ 溶岩流
❸ 関東　❹ 津波
❺ 東北地方太平洋沖
❻ 液状化　❼ 北西
❽ 大雪(豪雪)　❾ 南
❿ 梅雨　⓫ オホーツク海
⓬ 台風　⓭ 高潮
⓮ 秋雨　⓯ 防災

⑯ 減災　⑰ 活火山
⑱ 地震計　⑲ 緊急地震速報
⑳ アメダス　㉑ 警報
㉒ ハザードマップ

ミニテスト
(解き方) ❶ 粘性の小さい溶岩の流れである溶岩流と区別する。
❹ 完全な防災は困難であるが，減災の努力は必要である。
❺ 火山の噴火や津波，水害などに備えて作成されている。
答　❶　火砕流
❷　津波
❸　台風
❹　減災
❺　ハザードマップ（防災マップ）

〈p.95~97〉
3 地球環境の変化と人間
❶ 大気圏　❷ スケール
❸ 小さい　❹ 大きい
❺ エルニーニョ　❻ 貿易風
❼ 北太平洋（小笠原）
❽ 減少　❾ ラニーニャ
❿ 水　⓫ 鉱床
⓬ 縞状鉄鉱層　⓭ 化石燃料
⓮ オゾン層　⓯ オゾンホール
⓰ フロン　⓱ 紫外線
⓲ 塩素　⓳ 温室効果ガス
⓴ 赤外　㉑ 二酸化炭素
㉒ 酸性雨　㉓ 二酸化炭素
㉔ 砂漠化　㉕ 大気汚染
㉖ ヒートアイランド

ミニテスト
(解き方) ❷ 貿易風が弱まることによって発生するのはエルニーニョ現象である。
❸ 二酸化炭素，水蒸気，メタンなどの気体は，地球放射を吸収する。
答　❶　オゾンホール
❷　ラニーニャ現象
❸　温室効果ガス
❹　酸性雨

第3編1章
太陽系と太陽
〈p.102~105〉
1 太陽系の天体
❶ 太陽系　❷ 惑星
❸ 衛星　❹ 天文単位
❺ 水星　❻ 金星
❼ 火星　❽ 木星
❾ 土星　❿ 地球型
⓫ 木星型　⓬ 大きい
⓭ 小さい　⓮ もたない
⓯ もつ　⓰ クレーター
⓱ 二酸化炭素　⓲ 硫酸
⓳ 温室効果　⓴ 月
㉑ 季節　㉒ 二酸化炭素
㉓ クレーター
㉔, ㉕ 水素, ヘリウム（順不同）
㉖ 大気　㉗ 大赤斑
㉘ 密度　㉙ リング
㉚ 自転　㉛ 青
㉜ 地球　㉝ 木星
㉞ 月　㉟ 木星
㊱ イオ
㊲, ㊳ 火星, 木星（順不同）
㊴ コマ　㊵ 尾
㊶ 海王星　㊷ 冥王星

ミニテスト
(解き方) ❷ 地球とそれよりも太陽に近い惑星，および火星。
❸ 小惑星帯よりも太陽から遠い惑星。
❹, ❺ どちらも大気の主成分は二酸化炭素である。
❽ 木星型惑星は，いずれもリング（環）をもつ。
答　❶　天文単位
❷　水星，金星，地球，火星
❸　木星，土星，天王星，海王星
❹　二酸化炭素
❺　二酸化炭素
❻　木星
❼　大赤斑
❽　リング（環）
❾　彗星

〈p.106~107〉
2 太陽系の形成
❶ 星間物質　❷ 水素
❸ 原始太陽
❹ 原始太陽系星雲
❺ 微惑星　❻ 原始惑星
❼ 岩石　❽ 核（コア）
❾ 氷　❿ 重力
⓫ 液体　⓬ 微惑星
⓭ 大気　⓮ 太陽

ミニテスト
(解き方) ❶, ❷ 星間物質→原始太陽→原始太陽系星雲→微惑星→原始惑星の順に形成されたと考えられている。
答　❶　星間物質
❷　原始太陽系星雲
❸　岩石
❹　氷

〈p.108~111〉
3 太陽のすがた
❶ 光球　❷ 周辺減光
❸ 黒点　❹ 極大期
❺ 極小期　❻ 粒状斑
❼ 彩層　❽ コロナ
❾ 太陽風　❿ 電離
⓫ プロミネンス　⓬ フィラメント
⓭ プロミネンス　⓮ コロナ
⓯ 粒状斑　⓰ 黒点
⓱ 自転　⓲ 長い
⓳ フレア　⓴ 紫外線
㉑ デリンジャー　㉒ 太陽風
㉓ オーロラ　㉔ スペクトル
㉕ 暗線（吸収線）
㉖ フラウンホーファー線
㉗ 波長　㉘ 水素
㉙ ヘリウム
㉚ 暗線（吸収線，フラウンホーファー線）
㉛ 宇宙元素　㉜ 水素
㉝ ヘリウム　㉞ 核融合
㉟ 対流　㊱ 水素

ミニテスト
解き方 ❹ 彩層の外側にコロナが広がっている。
❺ 光球の縁では湧き上がる炎のように見え、光球上では暗い線（フィラメント、暗条）として見える。
❻，❼ フレアの発生によって強い電磁波が放出され、大気圏上層部に影響を与える。
❽ 太陽を構成する元素のほとんどは水素とヘリウム。
❾ 水素原子核が合体してヘリウム原子核となるときに、エネルギーが放出される。

答
❶ 光球
❷ 黒点
❸ 粒状斑
❹ コロナ
❺ プロミネンス（紅炎）
❻ フレア
❼ デリンジャー現象
❽ 水素，ヘリウム
❾ 核融合（核融合反応）

〈p.112~115〉
4 恒星とその進化
❶ 等級　　　　❷ 6
❸ 見かけ　　　❹ 2.5
❺ 100　　　　 ❻ 明るい
❼ −27　　　　❽ 2
❾ 3　　　　　 ❿ 16
⓫ 光年　　　　⓬ パーセク
⓭ 絶対等級　　⓮ 水素
⓯ 星間物質　　⓰ 星間雲
⓱ 散光星雲　　⓲ 暗黒星雲
⓳ 原始星　　　⓴ 原始太陽
㉑ Tタウリ型星　㉒ 主系列星
㉓ 水素　　　　㉔ ヘリウム
㉕ 赤色巨星（巨星）
㉖ ヘリウム　　㉗ 白色矮星
㉘ 惑星状星雲　㉙ HR

ミニテスト
解き方 ❷ 1等級の違いで約2.5倍、5等級の違いで100倍の明るさの違いに相当する。
❻，❼ Tタウリ型星から主系列星へと進化する。

答
❶ 見かけの等級
❷ 約2.5倍
❸ 表面温度
❹ 星間物質
❺ 星間雲
❻ Tタウリ型星
❼ 主系列星

第3編2章
宇宙のすがた

〈p.118~119〉
1 銀河と宇宙の構造
❶ 銀河　　　　❷ 銀河系
❸ 2000　　　　❹ 水素
❺ バルジ　　　❻ ハロー
❼ 散開星団
❽ バルジ（中心核）
❾ 球状星団　　❿ 渦巻き銀河
⓫ 楕円銀河
⓬，⓭ 大マゼラン雲，小マゼラン雲（順不同）
⓮ 銀河群　　　⓯ 局部銀河群

ミニテスト
解き方 ❶～❸ 銀河系は、バルジ、円盤部（ディスク）、ハローからなる。

答
❶ バルジ
❷ 円盤部（ディスク）
❸ ハロー
❹ 局部銀河群

〈p.120~121〉
2 宇宙の誕生と現在のすがた
❶ 銀河団　　　❷ 超銀河団
❸ 大規模構造　❹ ボイド
❺ 泡構造　　　❻ 遠ざかって
❼ 137（140）　 ❽ 1点
❾ 火の玉宇宙　❿ ビッグバン
⓫ 水素　　　　⓬ 赤
⓭ ハッブル　　⓮ 宇宙背景放射
⓯ 膨張

ミニテスト
解き方 ❶ 銀河群→銀河団→超銀河団の順に規模が大きくなる。
❹ 宇宙が膨張していることから、過去にさかのぼると宇宙はある1点に収束し、それが宇宙の始まりであると考えられている。

答
❶ 超銀河団
❷ グレートウォール
❸ 宇宙の地平線
❹ ビッグバンモデル

練習問題・定期テスト対策問題の解答

第1編 地球のすがたと歴史

――― 練習問題 ―――

1章 地球の構造 〈p.12~13〉

❶ (1)赤道方向, (2)遠心力, (3)重力, (4)重力, (5) $a - \dfrac{a}{p}$ $\left(\dfrac{a(p-1)}{p}\right)$, (6)イ

❷ (1)大陸(地域), (2)①大陸棚, ②大陸地域

❸ (1)下部, (2)エ, (3)モホロビチッチ不連続面(モホ不連続面, モホ面), (4)イ, (5)イ>ア>ウ

❹ (1)ア, (2)イ, (3)イ, (4)イ

❺ (1)震央, (2)ア, (3)イ

❻ (1)○, (2)×, (3)×, (4)×, (5)○, (6)○

解き方

❶ (1) 赤道方向の重力が小さいため，赤道方向に膨らむ。

(2),(3),(4) 物体と物体の間にはたらく引き合う力である引力と，回転軸からみて外向きの方向にはたらく力である遠心力の合力が**重力**である。遠心力は緯度が高いほど小さいので，重力は緯度が高いほど大きくなる。よって，低緯度地域では重力は小さくなる。

(5) 極半径を b とする。

$$扁平率 = \dfrac{赤道半径 - 極半径}{赤道半径}$$

の式に文字を代入して，

$$\dfrac{1}{p} = \dfrac{a-b}{a}$$

これを変形して，

$$b = a - \dfrac{a}{p} = \dfrac{a(p-1)}{p}$$

(6) 経度が同じである2地点間の距離と緯度の差が比例することから，緯度の差がわかれば地球1周(360°)の長さを求めることができる。

❷ (1) 水深1kmより高い地域を**大陸地域**，低い地域を**海洋地域**とよぶ。

(2) 大陸棚は大陸地殻の一部であり，海水面が低下したときには陸地となる。

❸ (1) 大陸地殻上部は**花こう岩質岩石**，下部は**玄武岩質岩石**である。

(2) 大陸地殻の厚さは30~60km。海洋地殻は大陸地殻よりも薄く，5~10kmである。

(3) 地殻とマントルの間にある，地震波の伝わり方が不連続に変化する面である。

(4) 外核と内核の境界が**深さ5100km**である。

(5) 深い位置にある物質ほど高密度なので，深い位置にある順に並べればよい。順に，マントル→海洋地殻→大陸地殻となる。

❹ (1),(2) マントルは地殻よりも密度が大きいため，地殻がマントルの上に浮かんだ状態となる。

(3),(4) 大陸地殻の最深部での圧力が等しくなるためには，地殻の厚い部分ほど深くマントルにもぐり込む必要がある。

❺ (1) **走時曲線**の横軸には，震央からの距離である**震央距離**をとる。

(2) 縦軸の走時は，地震が発生したあと揺れを観測するまでの時間であり，地震波が観測地に到達するまでの時間となる。

(3) **マントルは地殻よりも地震波が伝わる速さが速い**。マントルを伝わった地震波が観測地点に到達すると走時曲線は折れ曲がり，その傾きは小さくなる。

❻ (2) 地球の核を構成する成分は，ほとんどが**鉄(Fe)とニッケル(Ni)**なので誤り。

(3) 地震波も光と同様に，異なる物質の境界で屈折するので誤り。

(4) P波は液体中を伝わるがS波は伝わらないため，内部に液体の部分(外核)がある地球において，P波が届かない部分とS波が届かない部分は異なる。

2章 地球の変動 〈p.32~33〉

❶ (1)海嶺, (2)海溝, (3)イ, (4)ア
❷ (1)×, (2)○, (3)×, (4)○
❸ ①震源, ②震央, ③震度, ④マグニチュード, ⑤10, ⑥初期微動, ⑦主要動, ⑧PS時間, ⑨断層, ⑩正断層, ⑪逆断層, ⑫深発地震, ⑬海溝型(プレート境界), ⑭プレート内(内陸地殻内)
❹ (1)二酸化ケイ素, (2)大きいとき, (3)イ, (4)安山岩質マグマ
❺ (1)深成岩, (2)ウ→ア→イ, (3)ウ>イ>ア, (4)輝石, (5)イ, (6)ウ, (7)安山岩, (8)ウ

〔解き方〕
❶ (3) 古インド大陸と古チベット大陸はどちらも大陸プレートなので,一方がもう一方の下に沈み込むことはなく,お互い衝突して隆起する。
(4) 海洋底は海嶺で生まれ,海溝で沈み込むので,海嶺に近いほど新しい。
❷ (1) リソスフェアの説明なので誤り。
(3) 温められたマントル物質は,対流によって上昇するので誤り。
❸ ⑩ 断層面を境に,上盤がずり下がった断層。
⑪ 断層面を境に,上盤がずり上がった断層。
⑭ プレート内地震は,大陸プレートの内部が破壊されることで起こり,大規模なものは起きにくい。

❹ (2) マグマの粘性が小さいときに発生しやすいのは,マグマが火口から流れ下る溶岩流である。
(3) イは,粘性の大きい流紋岩質マグマによって形成されるので誤り。
❺ (4) 斑れい岩に含まれる有色鉱物は,かんらん石,輝石,少量の角閃石である。
(5) 流紋岩に含まれる有色鉱物は,黒雲母,角閃石であり,角閃石が含まれないこともある。
(7) 色指数が約10以下の火山岩は流紋岩,色指数が約35~70の火山岩は玄武岩である。
(8) 花こう岩にかんらん石はほとんど含まれない。

3章 地球の歴史 〈p.46~47〉

❶ (1)化学的風化, (2)侵食(侵食作用), 運搬(運搬作用), 堆積(堆積作用), (3)続成作用, (4)礫岩>砂岩>泥岩, (5)石灰岩, (6)チャート, (7)化学岩, 生物岩
❷ (1)ウ, (2)イ, (3)イ, (4)ア, (5)ウ
❸ (1)a広域変成作用, b接触変成作用, (2)イ, (3)ウ, (4)ア
❹ (1)×, (2)×, (3)○, (4)○, (5)×, (6)×, (7)○, (8)○

〔解き方〕
❶ (4) 礫岩,砂岩,泥岩はそれぞれ礫,砂,泥が堆積して固結した堆積岩なので,礫→砂→泥の粒子の大きさの順(大きい順)がそのまま堆積岩の粒子の大きさの順となる。
(7) 石灰岩,チャートともに,化学岩と生物岩の両方に分類される。

❷ (2) リプルマーク(漣痕)は地層の上面に形成される堆積構造,ソールマーク(底痕)は,地層の下面に形成される堆積構造である。
(4) イ,ウは,化石や火山灰の層が地層の堆積の時間的な隔たりとは直接関係がないことから誤り。
(5) アは褶曲の谷型にくぼんだ部分,イは断層によって形成される構造なので誤り。

練習問題の解答〈第1編〉 11

❸ (2) 高温高圧となるのはプレートが沈み込む境界である。
(3) ウは，**接触変成岩**である。
(4) イは，結晶片岩の説明としては正しいが，結晶片岩は**広域変成岩**なので誤り。ウは，結晶質石灰岩は**接触変成岩**であるが，石灰岩が変成をうけたものなので，誤り。また，太い縞模様をもつのは片麻岩の特徴である。

❹ (1) 5億4100万年前から現在までの時代は**顕生代**(顕生累代)なので誤り。5億4100万年よりも前が**先カンブリア時代**である。

(2) **中生代**は，**三畳紀**(トリアス紀)，**ジュラ紀**，**白亜紀**に分けられ，オルドビス紀は古生代なので誤り。
(5) **三葉虫**や**フズリナ**(紡錘虫)は**古生代**の示準化石(標準化石)なので誤り。
(6) 示準化石は，生物が生息した時代を推定できる化石であり，産出した場所は関係ないので誤り。陸上に生息していた生物の化石も示準化石として多数用いられている。

4章 生物の変遷 〈p.60～61〉

❶ (1)水蒸気，二酸化炭素，(2)イ，(3)ウ，(4)海洋(液体の水)，(5)イ，
(6)シアノバクテリア(ラン藻類)，(7)ウ，(8)全球凍結(全地球凍結，スノーボール・アース)，
(9)核，(10)ア

❷ ア，エ，ク，ケ，サ

❸ (1)イ，(2)ア，(3)イ，(4)イ，(5)イ

❹ (1)被子植物，(2)イ，(3)ウ，(4)ア，(5)ウ→イ→エ→ア

❺ (1)ペルム紀(二畳紀)，(2)白亜紀，(3)イ

解き方

❶ (2) この時期の地球は高温で，まだ海洋は形成されていない。高温のため岩石は**マグマ**として存在し，地球を海のようにおおっていた。
(4) **枕状溶岩**は，海嶺などでマグマが噴出し，海底で冷やされてできる岩石なので，**海洋が存在していた証拠**となる。
(7) 鉄イオンに酸素が結びつき，**酸化鉄**として堆積したもの。
(10) かたい組織をもつ生物は，**カンブリア紀**に急激に増加した。最古の**脊椎動物**の化石はカンブリア紀のもので，それ以前にはまだ脊椎動物は出現していなかった。

❷ オ，キは中生代，イ，ウ，カ，コ，シは新生代に繁栄した生物である。

❸ (1),(2) 中生代は温暖で，生物が生息しやすい条件だったため，生物の種類や数が増加した。
(3) 現在，世界で採掘される石炭の多くは，**古生代石炭紀**，ペルム紀に生物の遺骸が堆積したものである。

(4) シダ植物にかわって繁栄した。

❹ (2) ア，ウは**新生代第四紀**に繁栄した。
(3) 極端に寒冷な**氷期**と比較的温暖な**間氷期**をくり返した。
(4) 最古の人類なので，**猿人**を答えればよい。アは，**サヘラントロプス**ともよばれる猿人である。イは**原人**，ウは**新人**である。

❺ (1) 古生代と中生代の境界である。
(2) 中生代と新生代の境界である。
(3) アは，絶滅した生物は再び出現することはないので誤り。生き残った生物が進化し，多様化していく。ウは，進化の過程で進化のもととなった生物が必ず絶滅するわけではないので誤り。魚類から進化した両生類が現れても，魚類はそのまま存在していることがこの例である。

定期テスト対策問題

〈p.62~65〉

1
| 問1 | 9° | 問2 | 40000 km |

2
| 問1 | エ | 問2 | 回転楕円体 | 問3 | 偏平率 |

3
| 問1 | ① | マントル | ② | 金属 | ③ | 内核 | 問2 | (a) | 2900 | (b) | 5100 |
| 問3 | 地殻とマントル |

4
| 問1 | ウ | 問2 | 海溝型地震(プレート境界地震) | 問3 | 7 |
| 問4 | 正断層は岩盤に引っ張りの力がはたらいてでき,逆断層は岩盤に圧縮の力がはたらいてできる。|

5
問1	(1)	盾状火山,溶岩台地(から1つ)	(2)	成層火山	(3)	溶岩ドーム(溶岩円頂丘)
問2	(3)	問3	エ	問4	玄武岩,斑れい岩
問5	石基,斑晶がみられる斑状組織であったため。

6
問1	①	堆積物	②	粒の大きさ	③	生物岩	④	凝灰岩	⑤	クロスラミナ(斜交葉理)
問2	a	$CaCO_3$	b	SiO_2	問3	ア	問4	ウ
問5	褶曲軸に垂直な方向に圧縮の力がはたらき,褶曲が形成される。

7
| 問1 | エ | 問2 | ア,カ |

8
| 問1 | ① | 水蒸気 | ② | 縞状鉄鉱層 | 問2 | イ | 問3 | 光合成 |

9
| 問1 | イ | 問2 | エ | 問3 | アンモナイト |
| 問4 | ウ | 問5 | イ | 問6 | ウ→エ→イ→ア |

【解き方】

1 問1 緯度の差は,90° − 81° = 9°
問2 緯度の差9°に相当する距離が,AB間の距離1000 kmなので,比の関係から緯度360°に相当する距離を求める。地球の周囲の長さをx〔km〕とすると,
9:1000 = 360:x
これを解いて, x = 40000 km

2 問1 ア,ウ内側にはたらく力は,地球が膨らむ原因とはならない。イ重力は地球の中心に向かってはたらく。

3 地表に近い順に,地殻→〔モホロビチッチ不連続面〕→マントル→外核→内核,である。

4 問1 プレートは,海嶺でつくられて広がり,海溝で沈む。サンアンドレアス断層は,横ずれ断層であるトランスフォーム断層の代表的なものである。
問3 マグニチュードが1大きくなると地震のエネルギーは約32倍,2大きくなると地震のエネルギーは1000倍となる。
問4 正断層は,岩盤が左右に引っ張られて上盤がずり下がる断層,逆断層は,岩盤が左右から圧縮されて上盤がずり上がる断層である。

5 問2 最も激しい噴火をする火山である。
問3 火山前線(火山フロント)は,海溝から大陸側へ100~300 km程度のところにでき,これより海溝側に火山は分布しないという境界である。
問5 深成岩は等粒状組織,火山岩は斑状組織である。

6 問3 石灰岩とチャートの見分け方として重要。
問4 ア堆積した場所は限定できない。イ不整合は整合からできるものではない。エ凝灰岩層は火山活動の証拠で,不整合とは直接関係がない。

7 問1 このような変成作用を広域変成作用という。
問2 イは火成岩,ウ,オは接触変成岩,エは堆積岩である。

8 二酸化炭素が海中に固定されて減少し,光合成を行う生物のはたらきで酸素が急激に増加した。

9 問1 イのビカリアは新生代に繁栄した。
問2 アオルドビス紀末,デボン紀末,ペルム紀末に大量絶滅が起こった。イは中生代,ウは先カンブリア時代の原生代についての内容。
問4 ウは恐竜の一種で,中生代に繁栄した。
問6 アは新人,イは旧人,ウは最古の猿人,エは猿人である。猿人→原人→旧人→新人の順に人類は進化した。

第2編 物質循環と気象

——練習問題——

1章 大気と海洋 〈p.86~87〉

❶ (1)①中間圏，②対流圏，③熱圏，④成層圏，(2)②→④→①→③，(3)オゾン層
❷ (1)ア，(2)潜熱，(3)大きくなる，(4)100％，(5)①大きくなる，②低くなる，(6)イ
❸ (1)ア＜ウ＜イ，(2)イ，(3)イ，(4)ウ
❹ (1)×，(2)×，(3)○，(4)×，(5)○，(6)○
❺ (1)イ→ウ→ア，(2)イ，(3)ア

解き方

❶ 地表に近いほうから，**対流圏→成層圏→中間圏→熱圏**である。対流圏は気象の変化が発生する層，成層圏はオゾン層があり，高さとともに気温が上昇する層である。中間圏は高さとともに気温が低下し，熱圏では気温は上昇する。**オーロラや流星**が生じるのは熱圏である。

❷ (1) 蒸発，融解では周囲から熱を奪う。
(4),(5) 空気塊が断熱的に上昇し，膨張して気温が下がり，やがて露点に達すると水蒸気が水滴となり雲ができはじめる。
(6) 季節ごとにできやすい雲は決まっているが，季節によって雲を分類しているわけではない。

❸ (3) 地球に入射する太陽放射のうち，約30％は地表での反射などにより宇宙空間に戻る。約20％は大気や雲に吸収される。その残りが地表に吸収される。

❹ (1) 等圧線と垂直な方向にはたらくので誤り。
(2) 地球の自転によって生じるので誤り。
(4) ハドレー循環の説明なので誤り。**ジェット気流**は，特に強い偏西風のこと。

❺ (2) 極付近では海水が凍り，塩分が高く密度の高い海水が形成されて，深層に沈み込む。
(3) 日本列島を囲むように流れる海流は，**親潮，黒潮，リマン海流，対馬海流**である。

2章 地球環境と災害 〈p.98~99〉

❶ (1)イ，エ，(2)ア，オ，(3)ウ，カ
❷ (1)オホーツク海高気圧，北太平洋高気圧(小笠原高気圧)，(2)ウ，(3)ウ，(4)ア，(5)イ，(6)ア
❸ ①火砕流，②溶岩流，③液状化現象，④津波，⑤火災，⑥北西，⑦秋雨，⑧防災，⑨減災，⑩ハザードマップ(防災マップ)
❹ (1)イ，(2)ア，(3)ウ，(4)イ

解き方

❶ (1) 北西の季節風，**西高東低型**の気圧配置が特徴である。
(2) 移動性高気圧，温帯低気圧の急速な発達が特徴である。
(3) 北太平洋(小笠原)高気圧が日本列島付近をおおい，**南高北低型**の気圧配置が特徴である。

❷ (2) 梅雨前線，秋雨前線は停滞前線である。
(4) 北西太平洋にある熱帯低気圧のうち，最大風速が約17m/s以上のものを台風とよぶ。
(5) アは，化学変化ではなく状態変化が起こっているので誤り。ウは，水が蒸発して水蒸気になるときには，潜熱を吸収するので誤り。

❸ ③ 川沿いや埋め立て地で発生しやすい。
⑧, ⑨ 完全な防災は困難なので，災害が起こったときに被害を最小限に食い止める減災の考え方が広まっている。
⑩ 富士山噴火に備えたハザードマップなどが有名である。

❹ (1) アは，おもに地球温暖化の原因となる。
(2) イは，エルニーニョ現象，ウは，砂漠化のおもな原因である。
(3) アは，ラニーニャ現象の影響なので誤り。イは，エルニーニョ現象が発生すると，7〜9月の台風の発生数は減少することが多いので誤り。

定期テスト対策問題 〈p.100~101〉

1	問1	①	熱圏	②	中間圏	③	成層圏	④	オゾン層	⑤	圏界面(対流圏界面)	⑥	対流圏
	問2	①	ア	②	ウ	③	エ	⑥	イ	問3	オーロラ(極光)		
	問4	オゾン層のうち，オゾン濃度が極端に低い部分。											

2	問1	①	北東	②	南東	問2	亜熱帯高圧帯
	問3	①	低	②	対流	問4	熱	問5	熱帯収束帯(赤道低圧帯, 赤道収束帯)

3	問1	(1)	エ	(2)	ア	(3)	ウ	問2	深層循環
	問3	・日射量が少ないため，水温が低いから。							
		・海水の一部分が凍るため，残された海水の塩分濃度が増加するから。							

4	問1	①	水	②	液体	問2	イ
	問3	(1)	シベリア高気圧	(2)	北西	問4	(1)	梅雨前線	(2)	秋雨前線
	問5	この時期には，北太平洋高気圧の西の縁が日本付近にあたるから。				問6	ウ

解き方

1 問1〜3 地表に近いほうから，対流圏→〔圏界面(対流圏界面)〕→成層圏(オゾン層がある)→中間圏→熱圏である。
問4 フロンなどの使用によりオゾン層が破壊されている。フロンの製造・使用は現在規制されており，オゾン層の破壊はおさまってきているが，オゾン層が元の状態に回復するには時間がかかると考えられている。

2 問2,3 赤道付近で上昇した空気が低緯度地域で下降する対流運動を行っている。
問5 貿易風は北半球，南半球とも赤道に向かって吹いている。

3 問3 極付近では温度が低く，水分のみが凍るため，残された海水の塩分濃度が高くなり，密度は大きくなる。密度が周囲よりも大きい海水は深層に沈み込み，地球の自転の影響などを受けて地球規模の循環を形成する。

4 問2 アは，狭くなる湾の奥では津波の高さが高くなることがあり，危険なので誤り。ウは，はるか遠い場所で発生した津波が長時間かかって日本に到達することがあるので誤り。
問4 梅雨をもたらす梅雨前線，秋雨をもたらす秋雨前線である。
問5 台風は，北太平洋(小笠原)高気圧の西の縁を通る進路を取る。8〜9月ごろには北太平洋(小笠原)高気圧が比較的南に移動しており，その縁を通る進路は，日本列島に接近する進路となる。
問6 化石燃料の燃焼によって，放射線は放出されない。オゾンホールのおもな原因は，フロンガスである。

第3編 太陽系と宇宙

練習問題

1章 太陽系と太陽 〈p.116~117〉

❶ (1) イ,ウ, (2) ア,エ,オ
❷ (1) ①金星, ②木星, (2) ①衛星, ②小惑星, ③太陽系外縁天体
❸ (1) イ, (2) ウ
❹ ①光球, ②黒点, ③粒状斑, ④彩層, ⑤コロナ, ⑥核融合(核融合反応), ⑦フレア, ⑧太陽風, ⑨オーロラ(極光), ⑩水素, ⑪ヘリウム
❺ (1) ウ, (2) ア, (3) ①ウ, ②ア, ③イ, (4) イ

解き方

❶ ア,地球型惑星の半径は,最大でも地球の6400kmと小さい。イ,木星型惑星の衛星は,最少の海王星でも14個と多い。ウ,木星型惑星の自転周期は,0.41~0.72日と短い。エ,地球型惑星はリング(環)をもたない。オ,地球型惑星の表面は岩石からなり,密度は大きい。

❷ (2)① 地球の唯一の衛星は月。現在わかっている中では,木星の衛星数が最も多い。
② 火星軌道よりも地球に近づくものもある。

❸ (1) 原始太陽系星雲の中の微惑星が衝突,合体して原始惑星が誕生した。
(2) 惑星は,形成された領域(太陽に近いか遠いか)によって主成分が異なる。

❹ ⑤ 希薄な大気の層である。
⑥ 計4個の水素原子核が融合してヘリウム原子核が1個できる。

❺ (1) アは,等級が0より小さい数値,6より大きい数値の恒星もあるので誤り。イは,実際の距離のまま地球から見たときの明るさなので誤り。
(2) イは,散光星雲の説明なので誤り。ウは,星間雲の濃い領域が収縮して温度が上がり,輝きだしたのが原始星なので誤り。
(3),(4) 太陽は現在主系列星であり,やがて赤色巨星(巨星)をへて白色矮星へと変化し,その一生を終える。

2章 宇宙のすがた 〈p.122~123〉

❶ (1) ウ, (2) イ, (3) ウ, (4) ア
❷ (1) 渦巻き銀河, (2) 不規則銀河, (3) 大マゼラン雲,小マゼラン雲, (4) 局部銀河群
❸ (1) ウ, (2) イ, (3) ア
❹ (1) イ, (2) エ, (3) ウ

解き方

❶ (3) アは,バルジの半径は約1万光年なので誤り。イは,太陽は円盤部(ディスク)に位置しているので誤り。エは,円盤部の半径は約5万光年なので誤り。
(4) イ,ウは,散開星団はおもに若い恒星の集まり,球状星団はおもに年老いた恒星の集まりであるので誤り。エは,散開星団はバルジにも,球状星団はバルジや円盤部にも分布しているので誤り。

❷ (1) M32,NGC205は楕円銀河である。
(3) どちらも銀河系に近い銀河である。

❸ 規模が小さい順に銀河群→銀河団→超銀河団であり,(3)→(2)→(1)の順に規模が大きくなる。

❹ (1) ア,ウ,エのような事実は確認されていない。宇宙は,銀河が密集している部分と銀河があまりない部分からなり,このような構造を泡構造とよぶこともある。
(2) 宇宙の泡構造についての説明を選べばよい。

定期テスト対策問題 ⟨p.124~125⟩

1

問1	(1)	ア, イ	(2)	ウ, オ, ケ	(3)	キ, コ	(4)	エ, カ, ク
問2	(1)	冥王星（めいおう星）	(2)	天王星	(3)	火星	(4)	土星

2

問1	①	46	②	主系列星	③	赤色巨星（巨星）	④	白色矮星（わいせい）	⑤	6000 (5800)
	⑥	黄	⑦	彩層	⑧	コロナ	問2	イ＞ウ＞ア		

3

問1	①	光球	②	多い	③	少ない
	④	フレア	⑤	デリンジャー現象	⑥	オーロラ（極光）
問2		太陽が自転しているから。			問3	ア

4

問1	0.025 倍（0.026 倍）	問2	－4 等星	問3	8.2 光年

5

ウ

[解き方]

1 問1　(3)すべての惑星は**原始太陽系星雲**から生まれたと考えられている。
(4)エ，カは**恒星**についての説明，クは**彗星**についての説明である。

2 問1　太陽や，太陽と同じぐらいの質量の恒星は，**主系列星→赤色巨星（巨星）→白色矮星**と進化する。

3 問1　黒点の数は約11年周期で増減をくり返しており，数が多いときを太陽活動の**極大期**，数が少ないときを太陽活動の**極小期**とよぶ。

4 問1　5等級の差がちょうど100倍の明るさの違い，1等級の差は約2.5倍の明るさの違いなので，4等級の差に相当する明るさの違いは，

$$100 \div 2.5 = 40 倍$$

となる。2等星の明るさに対する6等星の明るさを問われているので，答えは，

$$\frac{1}{40} 倍 = \mathbf{0.025\ 倍}$$

補足　4等級の差に相当する明るさの違いが 2.5^4 倍であることから計算すると，

$$\frac{1}{2.5^4} = 0.0256 ≒ \mathbf{0.026\ 倍}$$

となる。

問2　1等星よりも**5等級明るい**恒星なので，
$1 － 5 = －4$ 等星

問3　$d = \dfrac{1}{p}$ に $p = 0.4$ を代入して，

　　$d = 2.5$ パーセク
　　1 パーセク $= 3.26$ 光年

より，

　　$d = 2.5$ パーセク $= 2.5 \times 3.26$ 光年
　　　　　　　　　　$= 8.15$ 光年
　　　　　　　　　　$≒ 8.2$ 光年

5 ウは，銀河が分裂しているという事実は確認されていないので誤り。風船に2点を書き入れ，息を吹き込んで膨らませたとき，2点間の距離が増加していくようすをイメージするとよい。**宇宙は膨張している**ので，過去にさかのぼっていくと収縮していくことがわかる。